《梧葉食單》

一聲梧葉一聲秋

一點芭蕉一點愁

三更歸夢三更後

——徐再思［元］《水仙子· 夜雨》

吳秋霞、衛疊疊 主編

淡江大學出版中心

淡江大學 校長 序

　　2016 年福建師範大學同學加入淡江大學文學院首屆「文創學程閩台專班」行列，將研修一年的所見所聞，以及親身體驗的台灣風土人情形諸筆墨，由本校出版中心集結為《大三那年，我在台灣》，深獲好評，也促成第 2 屆研習生將集體創作的回憶集視為與淡江結緣的優良傳統。

　　本書由閩台班同學提出構想，希望以暢銷漫畫《深夜食堂》的架構，做為創作小說的寫作模式。編者以文人常借「梧葉」落葉紛飛景象抒發鄉愁與光陰不可輕忽的意境定調，設定日式食屋為場景，藉由故事換取相應的料理作為素材，呈現 61 位同學心中各自的《梧葉食單》。

　　飲食文學作家焦桐，致力於打造台灣味道，認為只有具備足夠的藝術文化與文學素養才能具體表達五感同時進行的審美活動。而同學們藉由食物為主題，發揮自身所學的文化創意，透過故事描述佳餚裡所體會的哲理，以及對未來的期許。

　　梧桐樹是種具有多層次性意涵的瑞木，落葉雖然引發文人傷感，但不也是準備新春萌發的躍進，更何況傳說中的吉祥物鳳凰是「非梧桐不棲」。因此，深切期望，這一年的食單，不單是展現同學在淡江的學習與歷練，也希望成為日後向上發展的動力，特為之序。

淡江大學校長

張家宜

謹識於 2018 年 5 月

福建師範大學 院長 序

2017 年 9 月，61 位從未去過台灣的福建師範大學文學院文化產業管理專業（閩台合作項目）的學生來到淡江大學，進行為期一年的學習生活。赴台之前，他們通過各種途徑瞭解台灣，充滿著期待和嚮往，寶島的各種故事和傳說早已根植在他們的腦海；來台之後，他們感受著驚喜和充實，那些故事和傳說遍地開花並結出新的果實。同時，隨著他們在台日子的逐漸增加，隨著他們對台灣瞭解的逐步深入，屬於他們自己的新的故事也開始不斷上演。《梧葉食單》這本書就是他們在台故事的記錄和展示。

《梧葉食單》61 種食物，61 個故事。一個故事換一份食物，一份食物裏蘊含一個故事。也許他們沒辦法烹製出滿漢全席，也許他們端上來的不過是一些常見的飯菜，然而由於他們的精心料理，每份食物、每個故事都有了各自獨特的味道，獨此一家，別無分店，就像那家叫做「梧葉食單」的餐廳，他們沒有菜單，他們根據你的故事為你專門定製一份食物，食物的味道就是故事的味道。也許你能從中品嚐到一絲人情的溫暖，也許你能從中感受到一點人生的感悟，也許你能欣賞到一些別樣的情調，也許你會發現一個小小的幻想，也許你能體驗到五味生活的其中一味，也許……總有一種味道合你胃口。

這是第二屆文化產業管理專業的赴台學生在淡江大學留下的作品，相比第一屆學生的作品《大三那年，我在台灣》，這本書呈現出另一種不同的面貌。如果說《大三那年，我在台灣》記錄了上一屆學生在台灣的見聞和感想，像一本文集，那麼《梧葉食單》則更多體現了同學們的創意和想像。他們的創作題材多樣，

內容豐富，富於想像，且又能在構思上別具匠心，形成一個完整的故事框架，新穎可喜！在台灣，文化產業管理專業被稱為文化創意產業，這本書可看作同學們學以致用的表現。雖然他們的創意、想法、故事、文筆還略顯稚嫩和青澀，但其中澎湃著的蓬勃朝氣，不正代表了兩岸大學生以及文化產業的未來嗎！

據說《梧葉食單》中的「梧葉」取自元代徐再思的《水仙子·夜雨》：「一聲梧葉一聲秋，一點芭蕉一點愁，三更歸夢三更後。」作者寫的是深秋鄉愁。但在這本書裏，兩地之間的鄉愁似乎已被兩岸之間的交流所遣散。不過即使鄉愁不再，同根同種的牽繫依舊，而且隨著兩岸的交往日多，這種牽繫會越來越緊密！

《梧葉食單》和《大三那年，我在台灣》是福建師範大學文學院和淡江大學在聯合培養文化產業管理專業人才方面進行合作的成果，展現了學生入台學習的思考心得。鼓勵學生動筆書寫並將學生作品正式結集出版，這本身就是一個頗有創意的工作。近幾年，我們很欣喜地看到，無論是學生之間的互相學習，還是教師之間的互相交流，福建師範大學和淡江大學的合作都在逐步深化，結出更多的碩果。我們也希望通過兩校乃至兩岸的深度合作，讓更多的閩台合作佳話開花結果。

最後，我謹代表福建師範大學文學院感謝淡江大學出版中心對本書出版的大力支持！同時，也請讀者諸君在閱讀本書時，給予這些小作者以更多的寬容和理解！因為由稚嫩而趨成熟，乃是人生必由之路。富有朝氣、敢於思考並訴諸筆端，已是一次美好的起航。

林志強 2018 年 4 月 6 日

目次

創作說明

在繁華台北市的一處安靜角落裡，有一家古樸的餐廳，它有一個風雅的名字——「梧葉食單」。

這家店吸引來往食客的除了各色美食，還有它在經營之外最大的特色——用你的故事來換一份食物。

「梧葉食單」也是一張空白菜單的名字，在上面寫下你想要的食物，再講出你的故事，就可以免費享用；如果不知道想要吃什麼，也可以先講故事，老闆娘會定製專屬的食物給你。

老闆娘是個溫柔知性的女人，也是故事的主要聽眾；主廚的大叔向來沉默寡言，手藝卻無比精湛，能做出天南海北的美食；兩個年輕的服務生，女生叫小松，男生叫阿斐，都是在附近學校讀書的兼職學生；還有一隻柴犬名叫小柴，非常討客人喜歡，也有不少客人是衝著牠來的。

從正午到深夜，梧葉食單在等著一個又一個動人的故事。

豚骨拉麵

熱騰騰的拉麵配上一顆溏心蛋

是這個季節最溫暖的味道

蜂糖紅茶，酒蒸蛤蜊

張軒宇

　　等待捷運進站的時刻，她環視月台，每個候車點都是長長的隊伍，心裡疑惑著為什麼去淡水的人總是那麼多！接著拿出手機，在朋友圈裡打下一串英文：「I wish God's love to be with you！」

　　還是從早上講起吧。

　　11 月 19 日，週日。這些日台北地區刮著大風，有點冷。明天就要進入期中考試週了，自己粗心沒注意到教學平台上已貼出的考試時間，竟提前買了今天夜場《霸王別姬》的電影票（觀影券）。看著眼前的複習資料再想到晚上的電影，她突然萌生「脫逃淡水」的念頭。反正明天的考試是開卷，與其在這裡焦慮，還不如裹起風衣去台北街頭走走。

　　乘 863 路公車，轉淡水信義線坐到底，不換線，在「台北101」下車。出捷運站後往哪個方向走已經不記得了，畢竟這次來台北也沒什麼目的性，只記得那個下午到晚上，一直在街頭巷尾走啊走，中途進入咖啡店點了一杯不太好喝的拿鐵和一塊熱熱的蘋果派，再去誠品書店給妹妹寄了明信片。

　　離開書局，天色已暗，氣溫仍低。心想離電影開演還早，不如去逛逛淡江大學城區部。順便找一家小店坐著吃點熱食暖暖胃。不知不覺的來到一間類似居酒屋裝潢的小店，走近細瞧，門前掛著的小黑板就寫著「以故事換食物」。

　　她推門走進。「歡迎光臨！」一位可愛的女服務生掀開廚房的簾子走到前廳，「您請隨意坐」，她選了距離自己最近的吧檯前的位置坐下來，女服務生走過來遞給她一張白紙。

　　「您是看到店門口小黑板的文字進來的嗎？」

　　「看到了啊！如果真的是講故事可以換美食，我應該可以和你們聊聊，順便打發打發時間。」她笑著回應眼前的女孩子。

　　「唔……好的，那您可以先將想吃的菜品寫在這張紙上喔，寫好請叫我，我就在後面廚房。」聽完女服務生的話，她有點疑惑，「這家店沒有菜單的嗎？」廚房傳來一個男生的聲音：「我們店是沒有菜單的，客人都是自行選擇想吃的餐點，只要是我們能做出來的，就都可以提供。想要免費吃一頓，就拿一個故事來換啦！」男生看著她疑惑的眼神，接著說，「如果妳仍沒想好吃什麼，不妨把故事先講出來，老闆娘和主廚還有我和小松都可以幫你出出主意。哦對了，我叫阿斐，剛剛那個女生叫小松，我們都是在這裡打工的服務生。」

　　她第一次接觸到這麼特殊的店，再加上自己並不會很餓，看著那張白紙就是不知道該寫些什麼。廚房的簾子再次被撩開，走出來不是小松，而是一位略顯成熟的女人。「這是老闆娘！」阿斐向她介紹，老闆娘走到她的餐桌前，為她倒了一杯熱水，撚了一撮曬乾的玫瑰花苞進去，笑著問道：「下午在周邊逛了逛嗎？」

　　「呃……對！隨便走走，晚上順便到西門町看個電影！」

　　「聽你的口音，不像是台灣本地人啊？」

「對對，我是來台灣研修一年的陸生。」

聊了些瑣碎後，老闆娘問道：「現在有想到要吃什麼了嗎？」她搖搖頭。「做菜，燃起來的是每日煙火，燻著的卻是人世起伏。那倒不如先講一個妳在台灣三個月來發生的一件事，說不定聊著聊著你就知道自己想要吃什麼了。」

她一時語塞，不知道該從何處講起。看到桌上一包被人忘記帶走的紙巾，紙巾外包裝印著「神愛世人」，彷彿想起什麼。

玫瑰花苞浮在水面上，水杯騰起的水汽透出輕微玫瑰花香。

「初到台灣的 9 月份，我偶然間認識一群年輕人，是擁有一百分善良和熱情的年輕人。」她開始講自己的故事，小松和阿斐走到前廳隨意坐下來，主廚也掀開簾子走出來，「他們應該都是 20 歲左右的年紀。剛認識不久後，他們邀請我和幾個像我這樣的陸生去他們的教會煮火鍋。9 月 30 日下午，我們約好去菜場挑選晚上要用的食材，那是我和他們在菜場門口第一次見面，也是我來台灣第一次逛菜場，才發現原來好些蔬菜的名字在台灣和在大陸的叫法不一樣呢！」

聽到這裡小松有點興奮，「我知道，我知道！馬鈴薯你們叫土豆對不對？番茄你們還叫做西紅柿！之前也有位客人點單的時候說想吃土豆絲，我一直想花生要如何切絲？溝通了半天才知道是馬鈴薯！」

「對啊，對啊！」她繼續說著，「高麗菜我們叫做包菜，番茄就是我們的西紅柿。買好蔬菜後我們就準備要一起回教會，

我印象裡的教會都是在大大的教堂裡，剛進門會有神父從後面走出來，但是這次去的教會是在一棟不起眼的握手樓裡，其實那地方是我回淡水的必經之路，不仔細看很難注意到。他們給教會起的名字也很可愛，叫『尋寶學院』，這個教會裡都是 20 歲左右的年輕人，他們閒暇的時候會在教會裡開設輔導小學生課業的免費課程。教會裡有個男生叫阿帆，他是所有人裡年齡最小的，才17 歲，小安對我們說這個男孩總是閒不下來，嘴巴閒不下來，手腳也閒不下來。果然，阿帆看著大家都在忙各自的事情，廚房裡也不缺什麼幫手，於是決定幫大家煮蜂糖紅茶。」

「蜂糖紅茶？超市裡這樣的茶包有賣很多啊？難道就是這個啊？」阿斐打開吧檯上的一個盒子，拿起裡面的一個即沖茶包，「我們店就會免費提供給客人。」

她接過阿斐手中的茶包搖了搖頭，「阿帆的姊姊也在教會工作，而且她很會調茶葉，一次會調很多，煮茶的時候也會煮很多，多出來的茶葉裝在保鮮盒裡冷藏，多出來的茶湯也會裝在保鮮盒裡放進冰箱冷凍成冰磚，這樣一來，哪怕她不在教會，其他人也可以喝到好喝的茶。不知道其他人都是這樣，還是阿帆煮茶的方式太耿直了，他直接把茶粉包、蜂糖、白砂糖、紅茶冰一起丟到大鐵桶裡去煮，不出十分鐘一大桶的紅茶就煮好了。是真的很好喝，甜度剛剛好，紅茶的茶香也很濃。」

她輕輕搖了搖水杯，空氣裡的花香味更濃了。「那天晚上火鍋吃得很過癮，我吃了好多好多牛肉啊。吃飽喝足就是閒聊的茶餘飯後時光，身邊的兩個台灣女孩子正在向我推薦台中有什麼

好玩好吃的地方，阿秀突然拿起話筒，對大家說：『我們的教會有一個傳統，大家會為第一次來的朋友，做一次祝福禱告，感謝上帝讓我們有緣聚在一起。我們一起來為你們禱告吧！』可能是第一次『被』禱告的緣故，說實話，我當時有點蒙，坐在我旁邊的阿心聽了阿秀的話轉過身來詢問我，『我幫你禱告好嗎？』當然，我又怎麼會拒絕呢？然後她問我最近有什麼煩惱，我跟她說了我的困惑，然後她閉上眼睛，將手搭在我的肩膀上為我按手禱告，我知道禱告要開始了，所以我閉上眼睛。具體說了哪些內容，我現在有點記不太清楚，只記得聽完阿秀的禱告後，我覺得自己無法抗拒的得到了醫治釋放。之前在大陸的時候我總以為，我們的治癒從來都不是克制的溫情，而是暢快淋漓，和幾個貼心的朋友，約了大排檔，麻辣燙就著紮啤，先喝三瓶，喝得天翻地覆，哭得稀裡嘩啦。但是當天見他們所有人在為這幾個剛認識不超過五個小時的大陸學生們禱告時，我覺得自己也想對主說些什麼？印象裡的那天晚上真的很奇妙，人生難得一場醉啊，只不過那天晚上醉在蜂糖紅茶和火鍋底料裡了。她那一句句為我祈禱的話，我相信如果父神真的存在，那祂一定也聽到了，這群溫暖而有力量的人，在為陌生人們禱告的話語。那真的是一個讓我很感動的晚上啊。」主廚大叔倚在門框邊，右手越過吧檯取了兩個茶包，左手拿起身邊的兩個杯子，邊聽她講述著故事，邊在杯中注入熱水，然後遞給老闆娘一杯剛泡開的茶。

　　玫瑰花苞吸飽了水，花朵沉到杯底打了個轉，露出了花心。

　　「那後來呢？你們還有再聯繫嗎？」老闆娘喝了一口主廚遞給她的茶，問道。

　　「當然有啦，他們很熱情，經常在 Line 詢問近況，也經常約我們一起出去揪宵夜。有天晚上他們騎著機車來宿舍樓下給我們送宵夜，中秋節的午夜我們還一起去居酒屋吃酒蒸蛤蜊。大家也會經常在 FB 互動，總之就是很奇妙的經歷啊，至少讓我知道不是所有的教會都開在教堂裡，嘿嘿。」

　　小松從椅子上站起來，伸了個懶腰，「緣分可真是奇妙的東西啊，今天晚上你又交到我們這幾個台灣朋友啦！」一直沒說話的主廚端著茶杯走到吧檯前，對她說，「那不如現在給妳煮一杯蜂糖紅茶怎麼樣？火鍋我們是做不了，酒蒸蛤蜊妳覺得可以嗎？」

　　她走出小店，氣溫像是回暖了。

　　老闆娘看了看牆面上的時鐘，指針已經接近 10 點，快到店面打烊的時間了。主廚整理完廚房後，清點著冰箱裡剩下的食材，阿斐將桌上顧客剛用過的空盤空杯收到洗碗池，小松把蛤蜊殼倒進廚餘桶後擦乾淨桌面，吧檯又恢復了原樣。

　　「也不知道那女孩子趕上電影開場了沒有啊？」然後老闆娘在自己的牛皮紙上記下：蜂糖紅茶，酒蒸蛤蜊。

平淡日子裡的光

陳涵琳

「老闆，今天有桂花小丸子吃嗎？」

厚重的木門一推，奈奈一股風似的闖進來，伴著台北冬雨和冷空氣。門框上的風鈴被風捲起，互相撞得叮叮咚咚響。掛在門把上的小木牌搖搖晃晃，又「啪」地搭在門上，看清了上面的幾個手寫小字──梧葉食單。

奈奈脫了毛線帽，拍拍帽子和肩上的雨水，「小柴！你是不是又胖啦小柴！」

「哎！奈奈，妳小心點，總是莽莽撞撞的，麵都差點翻了。」險些被奈奈撞到的小松，嚇得抓緊了盤子，倒吸一口氣，拍了奈奈的後腦勺。

奈奈對著小柴吐了吐舌頭，小柴還是保持著那個傻傻的笑容對著奈奈哈氣，「小柴你也覺得小松很兇吧？」說完捏了捏小柴的臉，抬頭發現老闆娘正靠在櫃檯邊笑看著。奈奈不好意思地笑笑，坐到老闆娘的面前，「我是不是太吵啦？」

「不會不會，你一來空氣都被攪動得熱乎乎的，年輕就是好呀！」老闆娘邊說著話邊從抽屜裡拿出一個玻璃瓶。瓶子裡的東西因為晃動紛紛飄起，櫃檯的燈照下來，在桌上反射出星星點點的光亮，像極了奈奈小時候擺在書桌上那個會下雪的水晶球。

「桂花酒！！」奈奈一眼就看了出來。

　　這是奈奈來台灣的第四個月，也是她第一次離家獨自生活。台灣是一個柔軟的地方呀，它輕輕托住了奈奈思鄉的心。但冬天來了，雨季來了，思鄉的心情也慢慢攀了上來，淡水的雨總是一陣一陣的。日光一晃一晃，時有時無。白天像不成章沒彩排的小提琴協奏，充斥不規律的雜音。而路人如聽著倦怠，走也不是，停也不是，空手不是，撐傘也不是。唯面面相覷，心事重重。

　　她想起以前的每個冬天。

　　被子還有前兩天曬過太陽的味道，早晨被隔壁房間弟弟放的音樂聲吵醒，用力拍門表達自己的不爽，被弟弟說，「阿姊你是豬吧？又睡到中午了啦！」爸爸在書房開著暖氣泡茶，茶杯上的霧氣緩緩升騰，常常霧了爸爸的眼鏡。廚房飄來飯菜的香味，弟弟偷偷跟我說，「今天媽媽有做你最愛吃的菜哦！我聞出來的。」奈奈推著弟弟讓他去洗手準備吃飯。

　　桂花酒是奈奈家裡每年冬天都會備著的，爸爸有個紹興的朋友，有一年送了兩瓶給爸爸，說這是只有冬至才會有的酒。奈奈向來是不善也不喜喝酒的，除了桂花酒。金黃色的酒裡面有小小的金黃色桂花，輕輕搖晃一下，用手電筒從瓶底打一束光，就看著桂花慢慢飄落下來，在白牆上反射出金色的光斑。桂花酒裡藏著整個秋天呀！

　　桂花酒的味道與其說是酒，不如說是飲料。甜甜的，又有濃厚的桂花香，彷彿把整個秋天嚴嚴實實地封在了酒罐中，任它們沉澱發酵，蓄著力，等待下一次冬至被開啟時迸發出十倍濃郁的香氣。

奈奈從回憶中回過神來，老闆娘並沒有打斷她的回憶，桌上多了兩個小酒杯和一小碟的糕點。

「答應妳的桂花酒來咯，吶，規矩妳懂的，跟我說說最近的故事吧。」

這瓶桂花酒是奈奈第一次來到店裡時，託老闆娘幫忙買的。但是不到冬至就沒有酒，所以每次來店裡她都是點一份桂花小丸子解解饞，店裡用故事換食物的傳統也很滿足奈奈滔滔不絕的表達欲，來的次數多了，也就和老闆娘熟了。

「唔…老闆娘，還記得我和妳說過我特別喜歡去松菸吧。」

老闆娘點了點頭，拿起一塊酥酪放進嘴裡，小松也擱下餐盤坐在奈奈身邊。

「那天是週二，老師放了假，我就去了趟松菸。我沒有事先做好功課，只想著隨便晃晃，有什麼展就看什麼展，結果那天剛好是 2017 年金點設計獎開展的第一天。」

小松點了點頭，「我有聽說過那個金點設計獎呢，我喜歡的一個樂隊的專輯設計也入圍了呢！」

「可能因為是工作日又是第一天，整個場館只有我一個人看展。展覽對我而言最有意思的就是，你站在這個設計面前，可以透過它和設計者進行對話，這是一種很奇妙的體驗。」

「金點設計展的展品包括了很多，有海報、有食器、有影片，也有一些概念設計。這些展品之所以獲獎，並不是因為他們有多麼的特立獨行，反而是為了讓生活更加便捷而努力著。不是僅僅

只有製造出新奇的東西才算是創造，把熟悉的東西當成未知的領域再度開發，也同樣具有創造性。」

　　奈奈輕輕呷了一口桂花酒，桂花落入胃裡彷彿變成了蝴蝶，慢慢使人變得溫蘊的豐潤之味，足夠讓人在淡水的雨季裡，讓冰冷的身體溫暖起來。

　　「但我要說的不是這些展品啦，我並不是一個對設計非常有研究的人，還沒有資格評價這些設計品，我想說的是那天我所遇到的人。這樣的展覽一般都會有導覽員，導覽員事先是要接受培訓的。那天我就逛著逛著呀，突然看到一位阿伯領著三位可愛的阿婆進來，他們穿著統一的小紅馬甲（紅背心），阿婆們排著隊，像是春遊的小學生們，對周圍的事物忍不住新奇，又不得不安分地聽著阿伯指揮。」

　　「哈哈，我明白的，我們家裡的老人也總是越老越像個小孩兒。」老闆娘同意地點了點頭。

　　「阿婆們是展覽的志願導覽員，昨天剛聽了課，今天趁著人不多想來實戰演練一下，想要大家一起討論討論，讓導覽內容更加豐富一些。我也好奇地站在旁邊一起聽，其中一個阿婆看著我，本以為是旁聽被發現了，我不好意思地點了點頭準備走開，結果阿婆一把拉住我，『小妹妹來一起聽嘛，沒關係的！我們很歡迎妳，而且妳還可以從參觀者的角度給我們提供意見呢。』其他阿婆也紛紛點頭，把我拉到她們中間。」

　　「那個阿伯應該是組長這樣的角色，夾著老花鏡，手上拿著密密麻麻筆記的小本子，一絲不苟講解著。阿婆們卻不太安分，

一會大喊『這個昨天老師教過』，一會又打斷阿伯，『這個設計好奇怪哦，誰那麼無聊會去用嘛』。阿伯解釋著說，『啊呀人家那個是概念，概念你懂不？』阿婆們只好撇撇嘴，表示看不懂，但還是會拿著筆認真記下。」

「我太懂那個阿伯的無奈了！女人啊，就像鴨子般聒噪！」永遠沉默寡言的主廚不知什麼時候也加入了聊天，他搖了搖頭，彷彿深有體會。

「大叔，很有故事嘛？」小松被大叔的搖頭逗得大笑，忍不住打趣大叔。

「你讓奈奈繼續說下去，別搗亂。」

「我真的很喜歡這些阿婆的生活態度，她們認認真真化了妝，塗了最喜歡的口紅，穿了最喜歡的裙子，嘰嘰喳喳討論著，這個設計不錯，模仿一下放家裡過年一定很好看。她們好像還是那個綁著麻花辮，挽著手一起在街上大聲說笑的小姑娘，她們還是那麼年輕、那麼蓬勃。」

「導覽結束後，我還沒來得及好好和她們道謝，反倒是她們跟我說，『謝謝你！小妹妹，陪我們這些老太婆，我們剛剛說的妳覺得有趣嗎？有什麼要改的嗎？我覺得我剛剛解釋杯子解釋得不夠有趣。』我一時啞然，阿婆們眼神真摯，像是認真等待老師講評作業的學生。我臉一下就紅啦，告訴她們，這是我聽過最有趣、最棒的導覽啦！」

故事說完，老闆娘沒有回應，她吃著糕點再喝兩口桂花酒。

「日子本就是平凡的，但總有一些特別的人會讓日子變得精采，就像冬至的桂花酒。」

一時沒人說話，大家都默默品著自己手中的那一小杯酒，看著小小的桂花在酒杯裡晃晃蕩蕩。屋外的雨也停了，太陽一下照進來，在窗子上一跳一跳的。

「等一會兒也許能看到彩虹呢。」

雨遇

鄧金華

這是一個雨天。天空灰濛濛的,好像把光藏起來了。

養成了早起運動習慣的筱敏,因為下雨無法晨跑,於是心中燃起來趟懷舊台北漫步之旅,在台北的巷弄中,發現一間有著日式庭院的小店,店門口圍了個小花園,能聞到淡淡花香,有隻柴犬巴巴的望著自己。筱敏收傘停了下來,「梧葉食單,真好聽的名字!」筱敏這樣想著就踏進了這家店,或許是比較早的原因,還沒有其他客人。店的格調和它的名字一樣文藝,看了看店裡,有一位年輕服務員在櫃檯對著筱敏微笑並讓她先找個位置坐下,還有一個好看的姊姊在修剪店內的花,那姊姊挽著一個好看的髮髻,穿著淺粉色的旗袍,像從畫裡走出來的古典美女。還有隨自己進門的柴犬,進來後卻輕快的跑向那個姊姊,「姊姊大概是這家店的老闆吧?」筱敏想著。筱敏選了靠窗的位置坐下,隨後,那個好看的姊姊放下剪刀走過來。

「妳好!是第一次來我們店裡嗎?我們店有以故事換食物的活動噢,妳要不要試試?」姊姊溫柔的笑著,好似有魔力一般。

「以故事換食物?這是什麼意思啊,什麼故事都可以嗎?」

「當然,妳可以寫下妳想要的食物,我們可以免費提供給妳,不過妳要把妳的故事講給我聽喔,如果妳不知道要吃什麼,可以先講故事,我會特別定製食物送給妳。」

　　筱敏想了想，寫下「香蕉牛奶、芒果千層」，抒了抒思緒便開始說：「只要不下雨，我就會去宿舍附近的公園晨跑。當我第一次去晨跑的時候，我遇見一個老爺爺，大概六七十歲的樣子。他看到我就很熱情的和我說話，但是我沒有怎麼聽清楚，又不好意思不回應，就猜想說大概人家是和我問好，因為我是大陸過來的交換生，現在已經兩個月了，台灣這邊的人都很熱情，早上見到人會問好。於是我也就笑著問好，然後就繼續自己跑步了。」

　　筱敏接著說，「當時對那個老爺爺的印象就是一個熱情的老人家，也沒有去細想他說話內容。後來幾乎只要我去跑步的時候，就會看到那位老爺爺，每次他都微笑和我打招呼。」

　　「有一次，我在拉伸，老爺爺和其他幾位老人家也來了，那個老爺爺又對我說了一些話，但我仍沒有聽懂，大概是他的同伴看我的反應，就跟我說『他是問妳是不是學生』。我就笑著對老爺爺說是，老爺爺又說幾句，我還是不明白，我以為他說的是台語，就對他說『我聽不懂台語，我是福建過來唸書的學生』。這個時候，他的太太就和我說『其實我家老爺患有舌癌，講話有點困難，也比較含糊，我是聽習慣了，所以能明白他的意思。他看妳的年紀和我們的孫女差不多大，我們孫女住學校，老人家看妳天天運動很開心，就像看我們孫女一樣』。

　　筱敏似是打算一口氣講完自己的故事，「當時我有點不知所措，我不太會安慰別人，並且覺得有點自責，之前老爺爺那麼熱情和我說話，我沒有聽清楚也沒有再詢問，但是那一刻我也不知道能說什麼，就問老爺爺是不是每天來運動，後來見面次數多了

就逐漸瞭解老爺爺的情況。

老爺爺是被檢測出舌癌早期，早期雖然可以講話，但喉嚨還是會痛，吞嚥也有困難，情況好點可以緩解，情況不好的話以後都不能說話了，人都不懂還有多少日子，老爺爺現在每天運動就是為了增強抵抗力。他的老伴每天也都會陪他過來運動，大概這也是很幸福的一個事吧。相濡以沫的深情，不是誰都有的，所以每天看著他們晨跑，我都有那種被他們的溫暖所照耀的感覺，他們身上有一種生命力，向上的朝氣在感染著我。

我之所以會點『香蕉牛奶』，是因為前一陣子我去公園晨跑的時候，老爺爺送了我一袋香蕉，他說看我一個人在外地求學不容易，要多吃點水果，他希望以後他的孫女出門時也會有陌生人給予關懷和善意。那一刻真的是很感動，我真真切切感受到了來自陌生人的溫情和愛。」

筱敏說：「在他們身上我學到了很多，他們總是會在拉伸的時候和我聊聊天，聊聊他們家的柯基犬怎麼調皮，孫子孫女們週末過來看他們，兒女們給他們做了什麼好吃的，甚至是昨晚看的一部電視劇的劇情，壞女人怎麼搶男人，他們就會數落這個壞女人，實在是太可愛了。

但是我發現老爺爺的話越來越少了，最近都是老婆婆和我聊天，他在一邊聽，我就在想會不會是老爺爺的病情加重了。後來老婆婆和我說，過幾天老爺爺就要住進醫院，準備手術，這幾天他心情不太好。第二天，我送給了老爺爺一個宮燈，那是我出去玩的時候買的紀念品，聽說可以帶來健康好運，我希望這個宮燈

可以保佑老爺爺手術順利。

這幾天下雨，我不知道老爺爺是因為下雨天沒來晨跑，還是因為手術沒有來，我習慣性的就算下雨，也會在公園散散步。希望下一個晴天，我還是可以遇到他們。」

筱敏說完後嘆了口氣，有點沉重卻又溫暖的故事，美女姊姊聽完後對筱敏說：「我們店裡有留言牆，妳也可以留下妳的祝福，我想上天不會虧待善良的人」。

故事講完了，甜點和飲料也上了，是筱敏最喜歡的芒果千層，而香蕉牛奶味道也很清爽，還有淡淡的花香。本來筱敏是不喜歡吃香蕉的，可是最近卻喜歡上了香蕉的味道。

待到筱敏走出店門，雨已停。天空開始明朗起來。

「今天一定會是好天氣」筱敏心想。

雨中的暖陽

戴惠萍

　　又是狂風之下不知方向亂飄的雨，撐傘不是，不撐傘也不是。「冷冷的冰雨在臉上胡亂地拍……」秋崎哼著這首歌從公車跳下，她朝司機阿伯揮手拜拜。雲雖然低沉沉地飄在頭上，濕冷的風讓秋崎打了個寒顫，她把圍巾甩上脖子圍了一圈，心情卻和陰沉的天氣截然相反，「這時候來碗熱湯，一天也就圓滿了。」她準備好覓食，抬頭看到木頭招牌「梧葉食單」，毫不猶豫地伴隨著鈴鐺聲，她推門而入。

　　「歡迎光臨，找個位置先坐一下喔。」小松端著托盤有些著急地微笑招呼秋崎，轉頭走向其他客人。飯點還沒到，店裡客人並不多，但都集中地坐在一起，似乎都認識的樣子。秋崎走向吧檯坐下，也不自覺和客人們坐在一起。阿斐拿了菜單和一張空白的紙走向秋崎。

　　「第一次來嗎？」阿斐興奮地說。

　　「是。」

　　「我最喜歡新客人了，又有新的故事了」，秋崎一臉疑惑地看著阿斐，心裡想「我是不是走錯店了？」

　　「阿斐不要嚇到人家啦，不好意思喔，阿斐就是這樣容易激動。」一個看起來就很像老闆娘氣質的女人抱歉地說道，「熱紅茶可以嗎？我看你好像很冷的樣子。」

「沒關係啦。熱紅茶嗎？好欸！謝謝你！今天確實蠻冷的，我剛從淡水過來，淡水你也知道……哈哈哈。」秋崎卻覺得心裡一暖，自言自語道「今天真是溫柔的一天。」然而窗戶上的雨滴越來越大，一滴一滴向地心引力滑過，地上的水劈哩啪啦地在水窪裡跳動，雨聲循序漸進般變大，整座城市被雨籠罩著。

「淡水的天氣真的蠻特別的，過了關渡就是分界線，不過溫度都差不多啦，下大雨的話經常也是一起下，只不過台北通常小了點……哈哈。」

「不過剛剛他說到的新故事是什麼啊……」秋崎問道。

「故事喔，我們店除了點菜單上的菜品，還可以請妳講一個故事給我們聽，作為交換，我們送一道妳想要的菜，若不知道要什麼也沒關係，我們會根據妳講的故事，給我的感覺做一道菜。」老闆娘剛解釋完，小松趕忙送完餐點也回到吧檯附近，期待地看著秋崎。

「還可以這樣哦，好特別的店欸。真的可以嗎……我今天特別想喝熱湯，這樣也可以嗎？」秋崎不好意思地笑了。

「當然可以啊，有明確想要食物的客人我更喜歡了！」阿斐搶答道，說完已經雙手托腮認真坐好看著秋崎了，坐在旁邊的客人也悄悄地挪向秋崎坐的方向，好奇地時不時瞟向秋崎。

「你這樣人家會很害羞不好意思講啦，那邊還有客人要幫忙欸！」

「沒關係沒關係，我們剛好也想聽聽看。」坐在旁邊的客人

顯然分享過故事，也想聽聽別人的故事，好奇心蠢蠢欲動，偷笑著。

「我講故事很爛啦，你們不要介意，那我就講講我今天來的路上遇到的事，覺得整個人都被療癒了。」秋崎抓了抓脖子，順便把圍巾解下來，端正了一下身子後開始講述。

秋崎走向公車站，隆的一聲響，一輛滿載廢紙和寶特瓶的小拖車被路上的大石頭絆到，拖車的阿嬤雖然努力的試圖恢復平衡，但兩秒鐘後還是翻倒了，不聽話的寶特瓶像得到救贖般到處亂跑，散落一地，阿嬤頭疼地望著滿地的寶特瓶和廢紙。

秋崎準備走向阿嬤幫忙撿那些不乖的寶特瓶，這時，一輛轎車打著雙閃燈，停在阿嬤的小拖車後面，車窗搖了下來後，戴墨鏡的司機探出頭來，看起來令人敬畏三分，一股殺氣讓人不敢靠近，不一會兒下來了三個看起來很兇猛的男生。

在大陸長大的秋崎第一反應就是，「這三個人想幹嘛，趕走阿嬤嗎？」墨鏡男摘下墨鏡，和其他兩個男生彎下腰，把寶特瓶一個一個撿起來，放進裝寶特瓶的紙皮箱裡，不到一分鐘的時間，寶特瓶都回到了阿嬤的車上，墨鏡男把小拖車扶正，另外一個「猛男」把石頭搬到路邊的花圃旁。

「阿嬤要小心點啦，要注意看路啦。」

「謝謝你們喔，哎喲沒有你們我都要引起塞車了。」

「那阿嬤我們走了喔，要小心哦。」

「接著他們三個人火速回到車上，深藏功與名（做好事不留

名），前後還不到三分鐘，我一個回神路上又是一片平靜，好像什麼事都沒有發生過一樣，可是心裡倒是湧上了一陣熱血，我真的以為那三個猛男會叫阿嬤別擋路，我還想著怎麼樣上演一齣英雄救阿嬤⋯⋯哈哈哈。」秋崎不好意思地笑著。

「平時的我真的好討厭下雨呀，特別是淡水這種雨，就會讓我很急躁，但這樣微小而堅定又溫暖的一天把我給治癒了。」

客人們也忍不住因為秋崎的可愛笑出聲。

故事接著說下去：秋崎腳步輕快地走到公車站牌下等著公車，剛剛一閃而過的畫面讓秋崎感動不已，明明不是發生在自己身上的事情，可是一陣暖流在全身沸騰，他已經迫不及待和大陸的朋友分享這個溫暖的、不起眼的故事。

公車如期而至，秋崎輕快地上了公車，從手機殼裡拔出悠遊卡嗶卡，「餘額不足」，刷卡機響出這樣的提示，讓秋崎尷尬不已，臉上變成了尷尬的笑，「我忘記加值悠遊卡了！抱歉！」正轉身準備下車，「沒關係啦，下次記得就好啦。」司機阿伯溫柔地說，秋崎受寵若驚地呆住了三秒，「謝謝你，謝謝你。真的不好意思。」灰溜溜地走向後車廂。下車時，秋崎朝司機阿伯說了一句謝謝，腳步輕快地下了車。公車停下來等紅燈，秋崎過著馬路一邊趁著空檔朝司機阿伯揮手，秋崎做出口形「拜拜」，司機阿伯也朝他揮手，微笑點頭。

「我以為會被阿伯白眼一頓，在台灣遇到的司機大叔都好溫柔，真的會被寵壞。感動到我淚都要流出來了，真的不是誇張，今天真的是溫柔的一天。」秋崎吸了一下鼻子，好像下一秒眼淚

就要掉下來。旁邊的老闆娘和客人安靜地看著她，默默地點點頭。

雨靜靜地收了尾，陽光透過雲層的小縫隙照射進店裡。

「謝謝妳這溫暖的小故事，因為有妳的講述我們才能被溫暖到。」老闆娘、小松和阿斐紛紛點頭。「我想到什麼湯適合妳的暖心故事了！」老闆娘得意地笑了笑。

故事講完了，廚師從送餐口送出一碗湯，老闆娘接過湯，放在秋崎面前「吶，一碗酥皮湯好不好呀？」

滷肉飯

劉澤超

　　不知道從什麼時候開始了一個習慣，心動的時候越來越少，所以對生活中遇到能觸動心弦的事情都想要回憶，為了讓記憶更深刻，土土在和喜歡的人說晚安前，插上耳機，開始在腦海裡回顧今天發生的事，今天又是可愛的一天，台灣是個可愛的地方。

　　傍晚了，又到了飯點，土土又要抉擇人生幾大難題之一的晚上吃什麼？自從來了台灣，沒有了大陸方便的外賣，土土的懶癌在一定程度上得到了救贖，要吃飯就一定要出門去嘗試新的店，幾個月下來，這樣的嘗新對她來說反而成了一種新鮮的樂趣。土土漫無目的走在小巷中，汪汪汪，幾聲狗叫吸引了她的注意，一回頭，映入眼簾的是忽明忽暗的路燈下，一家裝修非常日式的小店，一隻有著可愛小臉的小肥柴看著她、叫個不停，土土是個看到可愛的狗狗就愛慘了完全走不動路的女孩子，「就決定吃這家了，我還要擼可愛的狗子」她心裡這麼想。

　　走近一看，小店的招牌寫著「梧葉食單」，正要推門走進去的時候，從店裡走出一個約莫二十歲的年輕男孩子向外喊：「小柴！不可以這樣大聲叫哦，這樣會嚇到客人的，要乖哦！小柴～」男孩子一抬頭看到了土土，露出一個熱情溫暖的笑容，「歡迎您哦！我是這裡的服務生阿斐！他又指著有著可愛小臉的小肥柴說：「牠叫小柴，牠不是兇妳哦，小柴一般是喜歡誰才要叫的，看來牠很喜歡妳呢～」聽到這話，土土特別開心的摸摸小

柴的頭，還捏了幾下牠的小肥臉，小柴一臉享受的表情。

之後土土被熱情的招待走進店裡，這是一家裝修風格像是深夜食堂的日式小店，裝修讓人感到精緻又舒服。

「您是第一次光臨小店嗎？我們店不僅提供日式料理、串燒、冷食以及各種酒類、飲品外，我們每天也有師傅從漁港帶回來的新鮮海釣魚，主廚可以提供特殊吃法哦！另外，我們店裡有一特色就是客人只要分享一個故事講給老闆娘聽，店裡就會免費提供餐飲，作為交換。若客人不知道想吃什麼，則先講故事，由老闆娘特別定製食物贈予您，她也會在食單上寫下適合這個故事的食物名字。」

土土心想，今天真是遇到了一個很有趣的餐廳啊！

「我還沒想到要吃什麼，而且我點菜都超糾結的呢，所以我要先講故事！」

「好哦，那妳跟我來，我帶妳去找老闆娘」。

阿斐向她介紹，「這是我們老闆娘」，老闆娘走出來，和她微笑並點點頭。

「妳好哦，歡迎妳來參加小店『以故事換食物』的活動，妹妹是哪裡人啊？」

土土說：「我不是台灣人，我是大陸生來台灣淡江大學交換一年的，剛來這邊沒幾個月呢。」

「這樣啊？那更棒了，你可以和我們分享你來台灣的故事

啊，不同視角的故事也許會更有趣。」

「特別大的事我好像沒遇到什麼，我來台灣感覺最好的是我在這裡遇到很多很溫柔的人，讓我印象很深的是我剛到淡水吃的第一頓晚飯。

我們第一天到淡水的時候，一整個白天的車程，又在宿舍收拾了好久的行李，到了傍晚都很累了，和舍友打算在樓下小店裡解決晚飯，我們走到一家叫做『惠姐惜福』的便當店，老闆娘惠姐特別熱情的和我們打招呼，向我們推薦了滷肉汁、雞腿便當，還招待我們吃滷蛋、喝冬瓜茶，在知道了我們是大陸來這邊求學的學生後，更是像關心自己的小孩一樣熱情的關心我們各種情況。

舍友的腿那天不小心擦破了皮，隨口問了一下惠姐哪裡可以買得到碘酒和紗布，惠姐很認真的仔細詢問是在哪裡擦傷的？怎麼擦傷的？然後人就突然走開了。過沒幾分鐘，我們正吃著味道很是不錯的便當，惠姐竟然搬來一個很大的醫藥箱子，我們都震驚了。惠姐開始用碘酒雙氧水幫我的舍友清理腿上的傷口。

我在旁邊看到惠姐手法很輕，之後又用紗布包好傷口，認真的告訴她傷口應該注意的各種事項，還關照我舍友之後幾天再來她這裡換藥。我雖然不是被換藥的那個人，但心裡也感受到十足的溫暖，惠姐能對第一次去店裡的食客就如此親切，令我覺得台灣真是個人情味特別足的地方。」

「去學校的路上有一家叫做吉利堡的早餐店，老闆是一個笑起來特別像我大伯的中年大叔，我們第一次去吉利堡就被招待

了好幾盤不同的食物，有蘿蔔糕、香腸，還有雞蛋煎餃，而且把我們的飲料都免費升級成大杯，每天路過都會熱情的打招呼『妹妹，在外求學要加油哦～』讓人感覺心裡暖暖的。還有宿舍附近擺水果攤的叔叔，每次去都笑眯眯地給我們挑最好的芭樂，還總是請我們嚐新上市的柚子，周圍真的太多可愛的人了！」

「是呀，很多發自內心的真誠與溫暖都是無法偽裝的。」老闆娘說著，幫土土又續滿了整杯檸檬水。「來台灣幾個月了，會想家嗎？」

「還好啊，新鮮感還足就不太會想家……好啦，其實真的會在很多時候很想家，想念家裡親切熟悉的環境，可是在這裡遇到了很多讓人覺得親切溫暖的人，他們在一定程度上緩解了很多我想家的時候想哭的感覺，在陌生的城市，我覺得自己並不孤單。」說到這裡土土微微笑了。

老闆娘站起來道：「我知道要為妳準備什麼食物了，妳稍等片刻喔。」

土土開始用手機拍店裡精美的裝潢和一些小擺件，又走去門口和小肥柴玩。

「妳的食物都做好了哦，快來看看吧。」老闆娘知性有魅力的聲音傳來，土土走到自己桌前，端著食盤的是剛剛沒見過的身穿廚師裝的中年男子，他看起來不愛說話，把食盤放在桌上就又消失在裡間了。

是一碗熱氣騰騰香味濃郁的滷肉飯，加上一個大雞腿和一個

滷蛋、一份燙空心菜、一份魚丸湯。

　　「妳尋找的溫暖的感覺，是在台灣認識的朋友帶給妳的，所以我希望妳今天能夠吃到最有台灣特色的食物，這些都是台灣人經常會吃的招牌食物啦，普通卻不平凡。同時也祝妳在台灣過得開心，收穫更多的愛！」

　　味道很家常，屬於台灣的味道。

　　走出店門，天徹底黑了，可土土的眼睛亮亮的，心也亮亮的。

　　土土心想：我遇到很多可愛的人。

一場失而復得

陳嘉麗

傍晚，店門被一陣風吹開，門上鈴鐺發出清脆響聲，店內三個人看向門口，女孩手裡拿著傘，但身上卻沒有一處是乾的。

「喔，小滿來了，怎麼帶傘了還淋成這樣？」老闆娘面露笑容，明明是疑問的語氣卻帶著一絲預料之中的無奈。

「淡水今天風雨交加，一路過來就這樣了，」女孩兩手一攤，「可能是我本來就不太會撐傘，每次都全身濕透，還偏偏住淡水。」

小滿在吧檯找位置坐下，接過阿斐遞來的熱茶和乾毛巾。她是這家店的常客了，不久前從朋友那裡得知這家特別的店，便常來光顧，她沒有太多故事，但腦子裡總有很多稀奇古怪的想法，總算找到一個地方可以傾訴還順便能吃到好料，一來二去，和店裡的人也熟了起來，沒有故事可說的時候仍會來店裡坐坐。

今天她不像以前一樣衝進來就絮叨個沒完，只是安靜地擦著額頭，眼睛藏在一片陰影裡。

「妳好像心情不好，怎麼，想家了？」老闆娘問道。

「錢包丟了，今天早上。」

「損失大嗎？」

「現金不多，只是在這裡丟了銀行卡會很麻煩。」小滿設想

了之後會遇到的情況，眉頭緊鎖。

「哇，那今天是真的要吃霸王餐啦。」阿斐在一旁開玩笑，被老闆娘一個眼神趕進了廚房，回過頭來繼續安慰：

「再找找看，肯定忘在哪個地方，一路找回去也許還在呢。」

小滿聽了勉強露出一笑，想起自己第一次去台北把剛買的東西忘在商場裡，三個小時後奔回去找，擁擠的人潮中那包東西被好好的收在餐桌旁的整理台。原不是什麼貴重物品，卻因為自己的粗心給別人添了麻煩，但這次沒那麼好運了。

小柴跑過來蹭了蹭，翻過身來讓她揉揉自己圓滾滾的肚子。小滿喝了一口熱茶，一股暖流在身體裡漾開，她慢慢開口道：

「妳知道嗎，我最近常常覺得生活很沒意思。」

「怎麼了，來跟我說說。」老闆娘擔心地問。

「諸事不順啊，倒楣的事接二連三，這都不算什麼，重點是我不知道自己想要什麼、想做什麼？」

老闆娘並沒有打斷的意思，小滿接著往下說：

「剛剛我在來這裡的捷運上，第一次仔細觀察了周圍的人。有一對外地老夫妻詢問一位老大媽，要怎麼去 101 大樓。那位大媽回答後和他們聊了起來。原來老夫妻倆是退休後一起周遊世界的，大媽迅速從包裡掏出一疊宣傳彩頁給他們倆，開始滔滔不絕地向他們介紹自己家經營的溫泉酒店有多麼好、多麼不容錯過，夫妻倆被說動了，要了名片還約好了時間。我開始還很不屑大媽

這樣不放過任何推銷機會的行為，但隨後卻為自己有這種想法而感到羞恥，人家也只是在為自己的事業努力打拼啊。

還看到一對高中生情侶，似乎在為聯考做準備，男生跟女生說『我們要一起考上台大哦～』，女生到站下車前，兩人約好了晚上幾點打電話監督對方念書，男生目送女生下車後，拿出一本口袋教輔書開始默背。

還有很多，比如提著滿滿的好市多袋子的一家人、累到在捷運上睡著的上班族、認真研究地圖攻略的遊客……等等。今天我沒有一路玩手機，而是認真看著這些人，他們好像都知道自己正在以及將要做什麼，知道下一站要在哪裡下車，他們拿好了地圖和指南針，我突然發現自己什麼都沒有。」

「妳是覺得自己沒有目標嗎？」老闆娘問道。

「嗯，來這裡有些日子了，就只有上課和瞎逛，不知道自己將要成為什麼樣的人。小時候想當畫家、想當演員，可是現在，我連夢想都沒有。」小滿苦笑道。

「妳好像把夢想這個詞看得太重了，它不過是一個虛妄抽象的概念而已，沒有又怎樣呢？多少人都是走一步看一步的。」

「可是人活著，總得有點盼頭吧，不然總是渾渾噩噩的。」

老闆娘給自己也倒了杯茶，耐心地跟她說：

「如果還沒有明確目標的話，就先做當下每一天想做的事吧，不然時間都被浪費在糾結上了。這種事有時候不能著急，一念之間的想法往往是至關重要的決定。有沒有什麼事是讓妳一想

到就能瘋狂到整夜睡不著的呢？」

小滿腦中好像閃過什麼。老闆娘湊近她小聲說道：

「妳知道嗎？每次妳在講那些奇妙的懸疑的怪誕的故事的時候，妳的眼睛裡都在閃著星星。」

老闆娘臉上展開溫潤平和的笑容，此刻暖黃的燈光和淡淡的茶香彷彿能療癒一切了。

店門再次開了，秋崎和土土有說有笑地走了進來，帶進來一些外面泥土和草地的氣息。

「你們怎麼來了，雨停了？」小滿回過頭問道。

「沒有啊，這裡還好，淡水雨可大了。」土土一邊說一邊摸小柴的頭，包都來不及放下。小滿看著眼前兩位衣著整潔無水漬的朋友，陷入另一個迷思。

「你的錢包找到了。」秋崎喝了一大口熱茶後開口說道。

「什麼？在哪找到的？」

「吉利堡早餐店啊，我下午路過問的。妳早上付完錢後錢包掉地上沒發現，路人撿到了交給了老闆。」說著，秋崎從包裡拿出了一個綠色小錢袋遞給小滿，這一場失而復得讓小滿整個人都亮了起來，興奮地和老闆娘分享心情。秋崎沉默了一下，說：

「你知道嗎，我去拿的時候老闆跟我說了謝謝，謝謝我幫忙轉交給失主。」

小滿愣住了，「可最該說謝謝的人是我啊！我還給人家添

了麻煩。」她感覺到一股滾燙的暖流把之前淋過雨的濕冷都沖散了。

「明天自己去跟人家道謝吧。」秋崎說完就去和土土一起逗小柴了。

老闆娘爽快地說：「來，今天請你們三位吃拉麵，暖暖身子。」

小滿趕忙說：「那怎麼行，今天都沒好好講故事，而且這兩人還來蹭吃蹭喝。」說完便收到逗狗的兩人拋來的白眼：

「我們會付錢的，而且某人錢包丟了還來這裡，到底誰蹭吃蹭喝很明顯吧。」

老闆娘笑了，「沒事的，我今天已經聽了不少好故事了。」

不一會，阿斐端出熱騰騰的拉麵，香氣撲鼻，黃亮的麵條配上翠色蔥花和鮮紅辣油，這特別的心意，緩解了在場某個人心裡的鄉愁。

淡水的溫度

郭偉達

　　偉達是一個愛走路的人，閒來就會到處亂逛，經常佔領微信步數排行榜封面。有一次他在一個巷子中發現一家餐廳，名為「梧葉食單」。無論是從店名，還是從店面的裝修風格都深深把他吸引住了。

　　他走進這家日式風格的餐廳，坐在榻榻米上，桌上的沉香嬝嬝，偉達靜靜注視縹緲的煙層。老闆娘拿著「梧葉食單」的空白菜單走了過來，說：「你好，這是我們新推出『故事換食物』的活動，你先說出你的故事，我們根據你的故事來量身為你製作一道食物。」

　　他說：「真的嗎？這麼有趣，可是現在想不出故事來，我可以說說在台灣遇見的人嗎？」

　　她說：「可以的，人和事本來就是分不開的，當你和他／她開始產生聯繫後，你們的故事就如畫卷般慢慢展開了。」

　　他說：「嗯嗯。來台灣後第一個認識的人是周叔叔，說來也巧，當我拿著課表第一次逛淡江大學的時候，因為不太清楚每棟建築的方位。見一位手裡拿著燈泡的中年叔叔迎面走來，便向他詢問如何到商管大樓。他放下手裡的活，熱情地引我到達所在地。

　　在走路聊天過程中，他問我是否是大一新生？來自哪裡？我

說算是吧，從福州來的交換生，來自惠安。他睜大了眼睛，惠安？你是惠安人？我點了點頭。

原來，周叔叔不僅僅是淡江大學的維修人員，還是國學傳播的講師，他們經常到惠安、集美各地教導小孩子們以儒學為主體的中華傳統文化與學術的國學課程。在淡水的時光，周叔叔還有其他國學老師對我來說亦師亦友，會時不時地關心我最近過得如何，也會傳輸國學知識給我，跟我說一些台灣這邊的風土人情。」

老闆娘說：「國學在我們那個年代是非常盛行的，每個班級的命名都是用八德──忠、孝、仁、愛、信、義、和、平，現在想起來真的非常懷念。在台灣，你還有碰到其他有趣的人嗎？」

他說：「還有一位西式早餐店的老闆陳叔叔，陳叔叔頭髮有點花白，臉上經常掛著笑容，很熱忱地對待每一位顧客。他總是穿著那件台灣啤酒的圍兜，兩隻手不停地在鐵板上翻炒西式美食。而我們之間發生的有趣事情是，有一次下著雨，我到水果店買水果，陳叔叔恰巧也在，我跟他打了聲招呼，他早早買完水果在一旁和老闆說話，等我也買好水果，便對老闆說，『這兩份一起付。』我雖再三推辭，還是被陳叔叔的熱情征服了。

我們一同走出水果店，陳叔叔不好意思地對我說：『你有帶傘嗎？送我回家，不遠，前面右轉就可以啦。』我撐著傘，送叔叔回去。在路上談話中，叔叔甜蜜地笑著說，因為老婆愛吃水果，所以他每次都會買很多水果回家。他的本姓和我一樣姓郭，媽媽往生後，為了紀念媽媽，改為媽媽的姓『陳』。之後，無論是在店裡享用早午餐，還是因為晚起匆匆路過，我們都會打招呼。叔

叔會抬頭微笑，用尖尖的嗓音親切地說：『偉達，拜拜。』」

老闆娘笑著說：「台灣人都是這麼熱情和好客，譬如說美麗的我。」

他說：「哈哈，老闆娘是真的幽默。還有另一位在我住的淡江學園值夜班的陳水禮阿伯。他最讓我欽佩的是，幾乎能夠記得每一個住在學園的學生名字。有一次我到值班室領包裹，還沒開口，阿伯就說：『你是不是郭偉達？這是你的包裹』一種在異鄉還能被叫出名字的溫暖感，在我心中油然而生。阿伯是一位很有時間觀念的人，他的手機鬧鐘會根據每個時段要做的事情設定，有時候也會感慨：人老了總會忘記些什麼。

有一個晚上，我不知為何睡不著，就跟阿伯說：『要不今晚和您一起通宵值班吧。待會兒，我去買宵夜一起吃。』每一位在深夜回來的人，阿伯都會親切關心，我問阿伯為什麼記憶力那麼好，名字和臉能夠馬上對應起來。阿伯說，記住每位學生後，就可以直接把包裹拿給收件人，這樣他就不用再苦苦等待包裹資訊，也不用多跑一趟啦。陳阿伯就如同淡江學園夜晚的守護神，讓我們歡樂開心地住在這一方天地中。」

老闆娘說：「你的故事讓我想起了大學宿舍的保全阿姨。那段青蔥歲月，你們要珍惜現在的每一吋光陰呀！」

她笑著對我說：「想必你也很久沒有嚐到家鄉的味道了，我去給你做一道地瓜粥配油炸小黃魚。」

確實很久沒有喝到家裡煮的地瓜粥了。每次家裡晚餐的時

候，媽媽盛著一大碗的地瓜粥出來，爸爸油炸著超香的小黃魚，兩者互相搭配，一頓充滿回憶的晚餐，就這樣情不自禁地流露出來。

每次看電視節目《舌尖上的中國》系列，總感覺每個地方都有屬於自己獨特的味道。家鄉獨特的味道，總能夠引起我的鄉愁。我愛這道地瓜粥配油炸小黃魚，也喜歡這梧葉食單的特色，更喜歡台灣的風土人情，讓我有種「吾心安處即是吾家」的意味。

說起了在台灣的故事，換來一頓家鄉的美食後，偉達走路返回住處。慢慢地，隨著消化的節奏，品味在台灣的每一刻幸運。

沒那麼糟

劉建雨

「一直聽說這家店很特別，今天終於有機會去體驗了」，20歲的阿星內心 OS 著來到了這家名為「梧葉食單」的餐廳門口。從外觀來看，裝修的確精緻，但又跟其他餐廳沒有什麼太大區別。然而此時，門口一片字板吸引了阿星的注意力，「故事換食物」，這聽上去還不錯啊！阿星邊想邊踏入這家餐廳。

一進門，餐廳的老闆娘特別熱情的招待著她，並向她介紹一下本店的特色以及詢問著需要點些什麼。

「我看到門口故事換食物的字牌，覺得很有意思就進來瞭解一下。」阿星聽後向老闆娘回覆道。

「是這樣啊！我們這店啊，跟其他餐廳最大不同的就是這個『梧葉食單』了，它主要是讓你寫下自己想吃的食物，並用自己的故事來作為交換，這樣就可以免費獲得妳想要的食物了。」

「這是真的嗎？什麼故事都可以嗎？」

「是真的，那現在妳就可以寫下妳想要的食物啦，如果不知道自己想吃什麼的話，我可以根據妳的故事為妳量身訂做一份食物。」

阿星立即被這個獨特的食單所吸引，寫下了自己想吃的食物，然後向老闆娘談起自己的故事……

那天由於飛機延遲降落，等行李都拿好後，已快要到最後

一班回宿舍的發車時間，而機場離臺鐵站還有不短的距離，原本的規劃，被這個延遲給搞砸，阿星一時不知道該怎麼辦，谷歌（Google）地圖上顯示的乘車方案也都因時間太晚而錯過了末班車。眼看只剩下坐計程車這一個方案，可阿星一直聽說台北的計程車很貴，對於每月只有 4,000 元台幣生活費的阿星來說，是很大的開銷，但在台北這個人生地不熟的地方，不回去也不是個辦法。被種種因素所困擾的阿星，最終還是選擇了計程車，隨手攔住一輛，詢問道：

「請問去到台北車站的費用大概是多少呢？」

「差不多 800 塊。」

這個數字阿星從來沒有料想到，計程車師傅大概也看出她的擔憂，便提議她先上車再說。阿星並沒有忘記母親的告誡「上計程車前，一定要把車牌號碼記住」。阿星是個安靜話少的女生，尤其是在這種陌生的環境下，她的不安也隱約透露了出來。

「小姑娘，你還是學生吧？趕時間嗎？」

「是的，回宿舍的最後一班臺鐵就要發車了」

「發車時間是什麼時候呢？」

「23:00，請問還要多久才可以趕到呢？」

「如果順利的話，再有十五分鐘就到了。」

阿星低頭看了下時間，已經 22:35 了，最早能提前十分鐘到達，可是自己對臺鐵站還不是很熟悉，又拎著一個大箱子，很怕

會錯過班次，焦慮再度席捲而來。師傅似乎看出她的不安，試圖緩解一下，問道：

「確定只有這一班了嗎？還有沒有別的車次呢？」

「沒有了，已經確認過了。」

「這樣啊，小姑娘別擔心，叔叔很快就開到了。」

「好，謝謝你。」

經過簡單的交流後，阿星也沒有當初那麼緊張，望向窗外，看著此時穿梭在台北馬路的車輛，沒一會兒就看見「台北車站」的牌子，阿星也已經做好掏錢的準備，看著價目表上 780 元的數字，心裡還是會有些落差。車停後，阿星給了師傅 800 元，沒想到師傅卻退回 300 元。

「小姑娘，快去趕末班車吧，你還有 8 分鐘喔。」

「可是……這錢……」

「沒事的，你看起來跟我女兒差不多大，我也常聽我女兒抱怨上了大學，錢花得快，看你也不是本地人，還是學生，用錢的地方多著呢，好了，把錢收好，快去趕車吧！」

師傅一邊說著一邊幫她從後車箱拿出行李，並向她指出到檢票口最近的路，可由於時間的限制，她只好匆忙地說了一聲「謝謝」，便向車站跑去。

時間真的不多不少，剛好搭上末班車，阿星的心裡也頓時安定了下來，對於身處他鄉的阿星來說，師傅的話，讓她覺得很感

動、很溫暖，也打破了她對計程車的恐懼。後來想想，也許這個世界沒有想像中的那麼好，但似乎⋯⋯也沒有那麼糟。

　　隨著阿星的話音落下，老闆娘已經在她的面前擺好一份熱騰騰的湯麵，對她說：

　　「謝謝妳的分享，故事很溫馨，所以我覺得也應要有一個同樣可以給大家帶來溫暖的食物，就像這碗麵一樣，可以溫暖著大家。」

　　「謝謝你，我很喜歡，我下次還要再過來！」

　　或許是這麵吸引著，阿星很長時間沒有講話，又或許是因為這寂靜的氛圍令阿星有些尷尬，她突然問老闆娘：

　　「您為什麼要創辦這個「梧葉食單」呢？這看起來需要消耗很大一筆成本啊。」

　　老闆娘笑了笑，開始向阿星談起她的客人。

　　「大家起初跟妳一樣，都是抱著好奇的心情來的，來了又走，走了又來，而我的初心則是提供一個講故事、說出心裡話的一個平台。自從我開辦這個菜單以來，我聽到了來自各個年齡層講述的各色各樣的故事，大家似乎不再把這裡當成餐廳，一遇到事情都會過來分享，而我也很喜歡傾聽他人的故事。」

　　「是這樣啊！那這些有需要的人會很感激您的！」

　　老闆娘又笑了笑。

　　「謝謝您的招待，麵很好吃，下次我還會再來的！」阿星滿

足的對老闆娘說。

「那期待妳下次的故事喔！」老闆娘向走到店門口的阿星揮了揮手。

　　走出店後的阿星，一邊回想著剛才發生的情節，一邊在心裡感歎著，不要根據刻板印象來隨意判定一個人的好壞。這個世界的美好總要多過黑暗，歡樂總要多過苦難，常常聽到有人抱怨世態炎涼，但回過頭想想，或許這個世界並沒有想像中的那麼糟。

不期而遇的禮物

李宜霖

　　這是一家藏身於內巷的餐廳，如果不仔細看，很容易就會錯過。她是聽了朋友的推薦來的，跟著導航的指示穿過大安森林公園後，再繞過好幾條路，進入一個小巷弄裡，終於找到了名叫「梧葉食單」的店。聽說這家店很特別，有「以故事換食物」的特色服務，店內的餐點精緻美味，這也是她執意來此的原因。

　　梧葉食單店外栽種著一排綠色植物，看似隨意，卻讓人賞心悅目，一盞光線剛好的小燈照亮了走進店內的小路，日式磚瓦建築的外觀吸引著她的眼球，這正是她喜歡的風格，她心想「誰知道呢，也許是這家店的外觀掩蓋了美食的光芒」，於是她迫不及待地走進店內。

　　拉開日式木門，老闆娘站在櫃檯後面，聽到門開的聲音，轉過身，看見是客人來了，笑吟吟地說：「歡迎，請進來坐。」她環視了店內的佈置，全是木質裝潢，佈置得很用心，空氣中還有一股淡淡的香味，這氛圍讓她感到舒適。

　　那位女士對一旁的女服務生說：「小松，先倒一杯仙草茶來。」看來她是這裡的老闆娘。那位看起來溫柔可愛的女服務生小松把一杯仙草茶放在她的面前，介紹說：「這是我們店內特製的仙草茶，請慢用。」仙草特有的氣味彌漫在空氣中，她端起杯子抿了一口，仙草茶有點苦，微苦的後面帶著回甘。

　　這時老闆娘遞過來一張空白紙。她看了看周圍的客人，有

的在吃日式拉麵，拉麵上還臥著一枚溏心蛋，有的在吃韓式部隊鍋，誘人的起司鋪在滿滿的食物上，還有的在吃最家常的什錦炒飯，配著一碗魚丸湯。她忽然想到了什麼似的，寫下了自己愛吃的茄汁蝦仁蛋包飯，還有一直想吃卻還沒吃到的芝士豆腐。

老闆娘把她寫好的菜單遞給服務員，幫她又添了一杯仙草茶，問道：「妳看起來好像還是學生吧，在哪裡上學呢？」

「我是交換生，在淡大學習一年。」她答道。

「我想知道您怎麼會想到開這家店的，還有為什麼要提供這種不一樣的服務呢？」

「因為我覺得食物和音樂一樣，有一種特殊的力量，食物是最美好的事物，可以治癒人，可以慰藉心靈。有時候並不需要昂貴的食材，只要味道很棒，不必在意價格的高低，當然了，在某些場合或者是為了特別的人，昂貴的食材就是必須的了。」老闆娘調皮地笑了一下。

她表示同意，「是啊，華麗的食物不一定會帶給我們期待中的美味，而平凡樸素的食物有時候反而會有意想不到的驚喜。」

老闆娘接著回答她的問題，「而且我喜歡聽別人的故事，客人講出他們的故事，我提供他們想要的食物，我希望客人們在自己辛苦努力的一天末尾，給自己獎勵一頓好吃的，為吃到喜歡的餐點露出滿足的笑容。」

「老闆娘真是個特別的人啊！」她心想。

「妹妹，你來了這裡還適應嗎？」

「挺適應的。我剛來時覺得這裡的人講話真的很溫柔，很多店裡的老闆和店員都是禮貌又熱情。我們宿舍樓下便利商店的店員人就很好，很親切。有一次，我想要泡咖啡，但是少一包糖，於是就想去跟店員要一包糖，不在便利商店裡買咖啡，應該也可以要一包糖的吧？我這樣想著。

走進便利商店時，收銀員是一名戴著眼鏡、有著些許白髮，看上去很斯文的中年男子。我向他說明我想要那種泡咖啡可以加的糖，可能是溝通上出現了問題，他理解成我想要方糖，他一臉抱歉地說『妹妹，不好意思哦，我們店裡沒有方糖，你可能要到附近的超市去買』，我以為他不願意給我，一時覺得有點尷尬，沒想到他又從櫃檯下拿出幾條糖包，說『妹妹，你急著用的話可以先用糖包』。頓時，我為剛才的誤解感到羞愧，有點不好意思地笑著說『我想要的就是這種糖包』，那個店員也恍然大悟，『啊，那真是太好了』。」

老闆娘聽到這裡也輕輕地笑了一下，「真好呢，雖然溝通出現了問題，但最後妳也拿到了你想要的糖包，店員也幫上了忙。」

她點了點頭，繼續說：「是的，這個店員就給我留下了很深的印象。在那之後的某一天，我很晚才回到宿舍，繞去便利商店買了一袋吐司當做第二天的早餐，走向收銀台時邊看包裝上的保存期限，店員站在收銀台，遠遠地看我一直盯著吐司的包裝，彷彿猜出了我的心思一般，說道『吐司的生產日期是今天喔』。付完錢後，他又溫柔地對我說『妹妹，已經很晚咯，要早點回去休息啊！』。我又驚又喜，不知道是不是因為我太常光顧這家店，

店員都記住我了。

可是每天都去便利商店的人很多，店員不可能都記住，不管怎樣，這份來自不熟悉的人帶來的問候，對我來說是一種不一樣的溫暖，我的語調也不由自主地溫柔了起來，輕輕地說『好喔』，雖然早就知道便利商店對員工的要求是禮貌熱情，要給顧客提供最好的服務，但是這個店員真的是出乎意料地貼心。」

「確實是個很好的人呢！」老闆娘點頭說。

這時候，她點的餐送上來了，老闆娘幫她拿來餐具，「請用餐吧，希望是你滿意的味道。」餐盤裡的蛋包飯和芝士豆腐光看外表就令人垂涎欲滴。嚐過之後，她更是讚不絕口。蛋包飯酸甜的番茄醬汁濃稠度剛剛好，蛋皮金黃嫩滑，蝦仁大顆且量多，番茄醬汁包裹著顆粒分明的米粒和蛋皮。芝士豆腐綿密細滑，奶香味足，配的醬汁恰到好處，她彷彿嚐到了幸福的味道。

用過美味的餐點之後，老闆娘繼續與她攀談，「來台灣之後一定有去什麼地方玩吧？」

「之前的假期有過一次環島遊，從淡水到日月潭的路上，順便去了台中的彩虹眷村。」她的腦海裡搜索著記憶中的景點。

「環島遊啊，那一定看過了很多風景，但是為什麼彩虹眷村會讓妳印象深刻呢？」

「真正讓我印象深刻的其實是彩虹爺爺。雖然彩虹眷村不大，但是裡面如同一個五彩繽紛的童話世界。牆上、地上、門上，都是絢麗、充滿童趣的油畫，彷彿置身於一個美麗的夢境。聽說

彩虹眷村本是一個普通的眷村，一位退伍老兵起初因為興趣在牆上用油漆作畫，後來越畫越順手，從室內畫到室外，把普通的眷村變成了色彩斑斕的童話世界。

我們到彩虹眷村時，這個眷村的造夢者，已經 90 多歲高齡的彩虹爺爺，正安詳地坐在那裡看著來來往往的遊客，許多遊客走上前和彩虹爺爺拍照，可愛的爺爺還擺了 pose。大家都被彩虹爺爺的可愛逗笑了。我也走上前去和彩虹爺爺合照，爺爺比了一個 V 的手勢。雖然彩虹爺爺的歲數很大了，但是眷村牆上那些可愛的圖畫，都證明彩虹爺爺的心態依然是年輕的，有童心的人永遠不會老。

我很佩服彩虹爺爺，因為他有一個自己熱愛的東西，並且長久地堅持下來。正因為他對繪畫的熱愛，才有了我們看到的彩虹世界。不管做任何事情，都要有熱情，不是嗎？」

「是啊，有些人一生只對一種東西有興趣，對其他東西可能不管不顧，就為了那個興趣，他們可以傾盡一生的心血。」

她與老闆娘又聊了許久後，天色漸晚，她起身離開，拉開日式木門，寒冷的風吹過臉頰，老闆娘不知道什麼時候走進廚房，在她即將走出店門時又出現了，遞給她一包熱氣騰騰，香氣繚繞的糖炒板栗，「天氣越來越涼了，適合吃糖炒板栗的季節到了，今天聊得很開心，祝你日日溫暖，夜夜好眠。」一陣暖意湧上她的心頭，她雙手接過還很溫暖的糖炒板栗，「謝謝您，下次我還會再來的！」她看著老闆娘的眼睛說。

傷心蛋抓餅

劉之璇

「叮鈴叮鈴……」傍晚時分，一個穿戴很暖和的姑娘掀開門簾。

「老闆，我可以點份蛋餅嗎？」梔子略顯侷促地站在那裡。

老闆娘看起來和善溫柔，她露出溫和笑容，輕挑眉毛：「當然，妳先坐哦。」

梔子挑了個偏僻的位子坐下。室內與室外彷彿是截然不同的兩個世界，梔子偷偷瞄了眼周圍的環境，很特別，旁邊坐著幾個穿著制服的學生相談甚歡，這裡的裝潢像那種日式的居酒屋，燈灑著溫柔的暖光，給人一種不會暴露在外面的安全感，況且在這凜冽的冬日裡這兒倒真是一處溫馨的避風港。

心滿意足地蜷縮在角落裡，梔子便拿出手機刷了起來。來台灣已經幾個月了，可那些社交軟件總還是用不慣。她點開微博，一條一條往下滑著。原來偶像又有了新作品、又出來了一部好看的劇、又有明星公佈了戀情……那些本就遠在天邊的偶像在此刻似乎更加遙遠。

「對了老闆！不加香菜，多加辣椒少加蔥。」梔子突然緩過神來，湊近廚房窗口提醒老闆。老闆還在忙著上一位客人的餐點，微微抬起頭，嗓音是台灣女孩子特有的嗲音，「好的，妳的還要等哦。」話罷便又是甜美一笑。

　　梔子點點頭乖乖坐下，擺弄著自己的指甲。

　　今天的台北很冷，不只是冷，是有攻擊力的濕冷。風吹過來似乎可以穿破人心的盔甲，使得心帶著整個人都止不住的顫抖。家裡應該會更冷吧，聽說前幾天都下雪了。突然想起高中時有年下雪天，課後和同學打雪仗，上課了老師考默寫化學方程式，手凍得都拿不住筆，幾個人還對著傻樂。一晃，怎麼過去了這麼久，而自己怎麼又走了那麼遠。

　　「嘩—」主廚手腕一提，小碗裡已打成均勻黃色的蛋液便沿著碗也傾注而下，和鍋裡剛成深色的蔥絲融為一體。主廚輕巧的掂了下鍋便拿鏟子將邊緣鏟起，來回晃動鍋帶著蛋餅一起，蛋餅剛成金黃色，便將之前煎好的火腿平鋪在餅上；白皙的手指握住醬刷顯得骨節分明，拿著刷子像是精心畫一幅水彩，來回幾下便將醬刷得均勻。最後他拿鏟子將蛋餅兩邊翻起摺疊在一起，快而穩地送出鍋，然後切成幾段盛在一個精緻略有點綴白瓷盤上，捏了些海苔粒撒上去，用勺子舀了點醬料置於盤子空處。終了還拿紙巾擦一圈盤邊。

　　「妳的蛋餅好了哦。」

　　梔子根本不用老闆娘提醒，從蛋液下鍋就一直聚精會神地盯著，親眼見證蛋餅君的誕生，口水險些滴下來。「啊，謝謝。」

　　手裡拿著早就備好的筷子，選了一塊蘸取少量醬料便填進自己嘴裡。

　　「哇，真好吃。」香而不膩的口感加上略脆的外緣，配上火

腿特有的香嫩，咬下去滿口生津。

「講個跟蛋抓餅有關的故事吧！」梔子停下來，靜靜的看著老闆娘，她笑著點了點頭。

「宿舍旁邊有家早餐店，我之前時常早上去買份蛋抓餅。」

「我經常會看到一個女人。她看上去大不了我幾歲，瘦瘦的，紮著一隻馬尾，眉毛很淡，眼睛像月牙。每次去店裡都能看到她一個人坐在那裡，安靜的吃著一份火腿蛋抓餅，眼睛總是無神的望向一處。我每次看到她都會隱隱有點開心，大概是因為陌生人的默契吧。

有一天，我如往常一樣去買早餐，還沒踏入店門就聽到一陣嘈雜。她被人拉著，小聲抽泣。老闆的小女兒也抱著老闆的腿哇哇大哭，場面混亂到不行。我正想問發生了什麼事？女人念念有詞帶有哭腔『小念啊！我的小念……求求你讓我抱抱她，讓我抱抱我的小念……』老闆緊緊護著痛哭流涕的孩子，一個勁兒地後退，一邊說著瘋子之類的話。旁邊的婆婆告訴我，這個女人的孩子半年前丟了，自那之後瘋瘋傻傻的，來這早餐店也是一直盯著老闆的小孩，老闆可憐她就沒趕走她……結果今天她突然就向前抱孩子，把孩子嚇住了，才在這裡吵架。

是不是很難以置信，妳說哪個瘋子會像她那樣安靜？我當時就杵在那裡，看著那個失去孩子的瘋母親被人們拉出店面，她的眼神始終沒離開孩子身上，眼神幽深。

之後我再也沒見過她，聽說是被丈夫送去療養院。人們說她

是瘋女人，但我卻記得，當她要被拉出店的時候曾經掙脫然後抓住小女孩，看著小女孩恐懼的樣子怔了幾秒然後鬆開手。那一刻她到底是怎樣傷心沒有人想要體會，可是就在那個時候，我知道是她母親的本能，因為怕嚇到孩子，所以她放開了手。

從那次事件之後，我也再沒點過蛋抓餅。店裡一切如常，只是再沒有坐著那樣一個安靜的女人。

過了好些日子，那天下著大暴雨，我打著傘跑去便利商店買零食。剛到轉角，那個好久不見的女人出現了。

她坐在路邊，褲子已經濕透，有個和她年紀相仿的男人站在一旁為她打傘，兩人的衣服濕了大半。她眼神空洞，似乎在看著什麼又好像只是在失神發呆。我經過她身邊時還是遲疑了，望向她的那一刻剛好她也看向我，我愣住了，而她一瞬間跳起來抓住我，問我有沒有見過她的孩子，被抓住的那一瞬間我想起了自己的媽媽，她還等著我寒假回家。我一個勁兒地搖頭。那個男人趕忙把她扯開，狠狠抱住她，一邊跟我講，說她們家孩子是在這附近走丟的，女人害怕孩子回來找不到自己就堅持一直在這附近等孩子，希望我諒解。雨一直下著，我還是懦弱的跑走了。那時候真的很怕，哪怕她是一個極可憐、極可憐的瘋女人。

原本不喜歡時常保持聯繫的我開始經常發消息給媽媽，每當聊得不耐煩的時候，就會想起那個雨天，那張悲愴的臉。

日子久到快要忘記她的時候，這個人又出現了。在街角的抓娃娃機店。她好像不記得我了，只是面容憔悴的問我有沒有二十元。我從錢包裡拿出僅剩的四十元零錢遞給她，便退得遠遠的。

她好像很開心的樣子，嘟囔著要給小念抓娃娃。我想著，她是不是真的找到了自己的孩子。

哭聲劃破了我的思緒，她像個孩子癱坐在地上，哭的撕心裂肺……她說自己好沒本事，連娃娃都夾不起來……她說就是因為自己這樣孩子才不會回來……哭到後來她抽泣著說自己不該跟小念講自己不愛她了……看著讓人心疼卻又手足無措，她男人就在一旁坐在機車上拿著蛋抓餅靜靜看著她。我看著娃娃機發呆，換了錢找了一台機子，好不容易抓到一隻趕忙跑去想送給她，可是台階上早已沒了她的蹤影。那個男人也不見了。街上機車響聲震天，在那些呼嘯疾馳而去的機車中，她們會是哪一台……？

那一次，也是我最後一次見到她。人與人之間，大概真的有這樣冥冥中的緣分吧。也是聽到後來我才知道她剛剛責罵過自己的孩子，孩子就走丟了，她的心中一定更加自責而煎熬萬分。世事無情果然不假。她的孩子去了哪裡，沒有人知道。她還會不會繼續這樣等下去，我不敢想。可是，她的那雙眼睛，那雙渴望而又無助的眼睛，我可能要很久才能忘掉。唯一從這段緣分中得到的，是那個女人的故事。還有，更加去珍惜身邊本該珍惜的人，因為難以想像失去之後又是怎樣的傷筋動骨，然後能夠好好道別的時候一定要好好道別。希望她最後找到了那個迷了路的小念，真心希望。」

「老闆，謝謝您的蛋餅，很好吃。」講到最後，盤子裡那份蛋餅已經一點不剩，杯子裡的水也已經續了兩杯。

老闆眼睛裡似乎也有著一層霧氣，還好燈光昏黃，誰的脆弱

都不會被發現。

梔子起身，「謝謝妳，聽我嘮叨著講完這個故事。」

「謝謝妳，告訴了我這個故事。」

「後會有期。」梔子從容地笑著，跟老闆娘及主廚擺擺手。

「嗯。」

「叮鈴叮鈴——」梔子轉過身，掀開門簾跨出門去，踏進星光閃爍的夜幕裡。

遇

趙宇婕

　　Jessie 懷著好奇心輕輕地推開了「梧葉食單」這家餐廳的門，聽朋友說這家餐廳特別推出「以故事換食物」的服務，想來分享一下前幾天在捷運上發生的故事。

　　一開門，一隻很可愛的柴犬搖著尾巴向 Jessie 跑來，店裡人不多，暖黃色的燈光顯得屋內格外溫暖。「真是個好地方呢！」Jessie 心想。面前走來一個氣質很優雅的女士，帶她走到最裡面一張桌子坐下。「看來這位就是傳說中的老闆娘」。

　　「是第一次來吧？」

　　「嗯嗯，聽說你們店有『以故事換食物』的活動？」

　　「對，妳可以寫下想要吃的食物，我們會免費提供，但妳必需分享一個故事做為交換。如果妳還不知道想吃什麼？你可以先講故事，我會依據故事的內容，幫妳特別製作適合這則故事的食物。」

　　「好勒。」Jessie 微笑地接過她手上的空白菜單，認真地想了想，好像沒有什麼特別想點的菜，「要不先聽我講個故事？」

　　「好啊，那我就洗耳恭聽啦。」老闆娘拉開對面的椅子開心地坐了下來。

　　「其實這就是個很小很平常發生在我身上的故事啦，」Jessie 不好意思地笑了一下。

　　上週末閨蜜 Nancy 從彰化來淡水找我玩，早上我帶她逛了紅毛城、淡江中學、小白宮那一帶之後，一起吃了飯，再搭上往淡水捷運站的公車，打算坐捷運去台北松山文創園區逛一逛。上了公車不久，忽然有個男生把一部手機『塞』到我手裡，一句話都沒說。我被他嚇了一跳，但是我的第一反應是先看手機而不是看他。只見手機上用英文和韓文寫著『捷運站』，這下我明白了，原來是一個韓國人想要問路，嚇了我一跳，但是要問路至少說一聲吧，又或許這個人不會說話？我心想。

　　這個男生大概 25 至 28 歲左右，戴著墨鏡，揹著一台單眼相機，我看不到他墨鏡底下的表情。看到是韓文，我心裡是有點開心的，因為我之前一直在自學韓語，基礎的都能聽懂，也還能說一些簡單的韓語。我就和 Nancy 研究了一下，他的手機裡只寫要坐捷運，沒寫要到哪個捷運站，她建議我問他要去哪？我對 Nancy 說：『他好像不會說話吧。』

　　把手機還給了他，我用蹩腳的韓語問他是不是要去捷運站、要去哪一站？他只點了點頭，仍然一句話都沒說。啊，原來真的不會說話，才這樣把手機塞給我啊。我就用韓語對他說了一句：『跟著我吧』。」

　　Jessie 看老闆娘很認真地在聽，繼續講：「下了公車，他竟然用韓語對我說了一句謝謝，媽呀，還好他聽不懂中文，不然我剛說他好像不會說話被他知道了，那豈不是很尷尬？然後，我們往捷運站走，簡單地邊走邊聊，他告訴我他來自韓國，江南區。著名的韓國江南區，明星和富二代等有錢人的活動生活區，毫不

誇張的說，去江南區的垃圾桶撿垃圾，撿到的都是名牌。怪不得這個人這樣古怪，同時我也知道了他要去捷運松江南京站，而我們在他下一站下車。

　　他跟著我們到了捷運站，上了車後，我們 3 個人分別坐在車廂的不同位子。Nancy 因為太睏就在位子上睡著了，我看了一眼那位韓國男生，他一直在手機上打著字，可能是在跟某個朋友聊天說碰到了好人為他帶路這類的話吧，哈哈哈。然後我查了一下他要去的地點的路線，以及如何用韓語跟他說要在中山站下車換乘綠色線等等。我在手機備忘錄上寫好了韓語，就也安心地休息了，我又瞄了一眼那個男生，他還在手機上打著什麼，應該還在和朋友聊天吧。」

　　「大概過了半小時，下一站就快到中山站了，我叫醒 Nancy，然後一起過去找那個韓國男生。我把在備忘錄上用韓語寫的路線念給他聽，他應該是聽懂了，不過這次他又把他的手機給了我，叫我用我手機拍下來。當時我一臉懵懵，但還是照做了，只看到他的備忘錄上寫著什麼東西，這時候車到站了，他跟我們 say goodbye 後就下車了。

　　我和 Nancy 一起認真看了一下他剛剛叫我拍的照片，才看到他其實很用心地以韓語寫了一段話，底下還有中文翻譯。備忘錄上寫著『謝謝妳對不瞭解的外國人的好意，我想給妳一個獎勵，有一天你會找到韓國，請聯繫我』，並留了他的姓名、電話號碼、E-mail，以及其他社交軟體的聯繫方式。

　　我非常感動，原來剛剛他不是在和朋友聊天，而是在寫這些

東西啊。給外國人帶路是舉手之勞啊，我和 Nancy 完全沒有想到會收到他這樣的感謝。真的是意料之外，幫助別人的同時，自己的心情也會變得很好，感覺上午遊玩的疲倦全都消失了。」

「哇，真的想不到呢，他寫了這個給你，」老闆娘一臉驚訝和感慨，「那後來呢，還有沒有發生什麼小故事呢？」

「到站後我們就下車啦，沒有發生什麼啦，怎麼可能真的會去韓國向他要獎勵呢？哈哈，僅是舉手之勞啊，不過一想到這個心情真的是很好呢，幫助他人也是在給自己快樂啊！」Jessie 笑著說。

「好啦，那我去叫廚師給妳準備特定食物啦，要等一會噢，期待一下吧！」說完，老闆娘從座位上起身，往廚房走去。

5 分鐘後，老闆娘端著芝士年糕火鍋和幾盤韓國小菜到 Jessie 面前，「想了想，妳應該會喜歡這個吧？沒有什麼能比芝士年糕更適合妳這可愛善良的小姑娘啦，好好品嚐吧，也希望妳的韓語越來越棒！」

蓮葉羹

味苦性寒，以清心火

旅途故鄉

李辰夕

　　2017 年深秋的一場雨下得大且突然，開在台北街角的梧葉食單，在靜謐的午後進來了一位匆忙躲雨的客人。

　　門被推開時撞響懸掛在門梁上的風鈴，驚醒前檯昏昏欲睡的小松。小松揉了揉眼睛，下意識看了牆壁上的時鐘。下午三點。

　　「真是糟糕的天氣。」

　　客人渾身都被外頭突如其來的大雨淋濕了，模樣狼狽，但滴水的頭髮下卻是一張疏眉朗目的俊秀臉龐。這是張十分年輕的臉，他似乎只有二十歲出頭。

　　青年不好意思地笑了笑：「介意我在這裡躲一會兒雨嗎？」

　　原本在廚房忙碌的老闆娘恰好出來，說道：「當然不會，我拿幾張面紙給你擦擦。」

　　青年的眼睛亮了起來，連忙道謝。

　　等待雨停的時間裡，青年坐在靠窗的座位，百無聊賴地觀察店裡的裝潢。

　　忽然，他看到了桌面上「特殊」的菜單。

　　「老闆。」他的聲音響起，「我跟你分享一個故事，能換到一份食物嗎？」

　　老闆娘微笑：「是的。」

青年抓了抓頭髮，先自我介紹：「我叫葉遙，來自中國大陸，今年到台灣做交換生。」

「我分享的故事裡的主人公不是我，但這個故事也和我有些關係，我身邊最有意義的就是它了，我剛好說說吧。」

葉遙掏出檔案袋裡的一張老照片。

「就從這個說起──」

時光回到六十七年前，彼時葉寧遠一點也不知道他餘生往後都跟故鄉隔著一道彎彎的海峽。故鄉變得遙不可及，親人、愛人變成故人，歲月將他蹉跎，鄉音亦改至面目全非。

那年葉寧遠只有二十歲。

當他與其他的青壯年一起擠在甲板上，茫然無措地看著越來越遙遠的陸地，心無處安放。

新的地方一切都是陌生的，葉寧遠只能選擇艱難地適應。

他想要回到故鄉，回到他深愛的妻子和他兩歲的孩子身邊，但除了午夜夢迴，他永遠也回不去了。

當老闆娘作為聽客時，她總是無比地專注認真。她聽過許多故事，有的人巧舌如簧，有的人不善言辭，但故事本身，沒有孰優孰劣。

她聽著葉遙說，看到青年臉上洋溢出的一絲神采。

「這是我從曾奶奶的梳妝匣裡發現的。」葉遙指著這張照片。

　　老照片在那個年代彌足珍貴，或許是照片上這一對年輕夫妻最奢侈的定情信物。依稀可見青年眉目清雋，他身邊依偎的妻子五官柔和溫婉。

　　老闆娘覺得這照片有些熟悉。

　　葉寧遠有個寧靜致遠的溫柔名字，他的性格亦如此。在異鄉，他無法忘記也無法釋懷，無法做到在歲月洗禮思念後重新組建新的家庭。後來，他從軍中退伍，擔任了台北一所國中的語文老師。

　　孩子們天真的歡樂成為少數能慰藉他心靈的東西，他在這間學校度過了他的三十歲、四十歲。

　　幾年之後，他在育幼院領養了一名孩子。

　　那個時候其實有很多像葉寧遠一樣的人，心中依然埋藏著對故鄉和親人的思念。葉寧遠時常會想，他的妻子、他的父母、他的孩子在這麼多年後過得怎麼樣，他們記憶裡的他又是什麼樣的……。

　　但故鄉實在太遠了，葉寧遠有時覺得他就算窮盡一生，也沒有辦法回去了。

　　故鄉的一切依然會時不時出現在他的夢裡，但現實也慢慢伸出溫柔的纏足將他絆住，他開始有了太多太多牽絆了。

　　他的那些學生、他的那個養子，他們都是葉寧遠的責任，葉寧遠並不能像其他人那樣孤注一擲奮不顧身。

　　但當他為養子準備早餐，帶生病的孩子去醫院看病，輔導他的課業時，葉寧遠也會想，他的妻子又會怎樣哄他的孩子？

　　瑞芳是個嫻靜溫婉的妻子，她身上有著葉寧遠一切眷戀的氣息。

　　倘若故鄉使他夢縈魂牽，他的妻子瑞芳便是他最割捨不下的存在。她溫柔如水，柳葉彎眉剪水清眸，卻有著世上最紅塵俗世的味道，那是葉寧遠心中家的味道。

　　葉寧遠與瑞芳的故事就像那個年代大多數人的一樣，青梅竹馬兩小無猜，同上一座學堂，同走過一條放學路上的弄堂，同在一個屋簷下躲雨，同撐一把油紙紅傘。他給她送過耳環，她給他熬過熱湯。當葉寧遠終於娶到心愛的姑娘時，那一年他十八歲，興奮歡喜地像個五六歲還絲毫不會掩飾自己情緒的孩子。

　　他很歡喜，歡喜得恨不得全天下都知道。

　　可歲月無情，他已離開妻子二十載，音容笑貌僅憑舊夢和一張泛黃的照片。當葉寧遠在鏡子裡看到他的第一根白髮時，他心想，瑞芳是不是也長出白髮了？他錯過了她的風華，錯過了她的洗手作羹湯，錯過她的溫柔呢喃，錯過她洗盡的鉛華。

　　他實在錯過太多太多了。

　　生不能同寢，死不能同穴。

　　那一夜夢中醒來，葉寧遠怔怔看著窗外清冷的月光，淚沾枕巾哭得一塌糊塗。

往事無法重來，他錯過太多了。

六十歲退休後，葉寧遠從台北搬去了瑞芳，那個與她妻子同名的地方。那時的瑞芳鐵路沿線還有一車車運載著礦石的火車往來，等到後來，則慢慢變成了慕名而來的客人。

養子週末就會帶著他的妻女一家來看他，看到老人的床頭櫃上還珍藏著那張已經模糊了面容的老照片。

養子想起年少時自己問父親：「爸爸，那是誰？」

父親摸著他的頭，溫柔說道：「她是……爸爸的家。」

「曾奶奶是在去年元旦前夕離開的。一開始發現這張照片的時候我很驚訝，因為小時候曾奶奶很少跟我提到曾爺爺，那個時候我還以為曾爺爺只是去世了。」

年幼的葉遙是這麼以為的，而他的親人們則是覺得老人已經在漫長的時光中放下了。畢竟他們相識至分別，細細數來竟最後也才占人生裡的那麼一點點份量。

但比這更荒誕的，是還忘不掉。

「跟照片和梳妝匣鎖在一起的還有一本日記，我才知道我的曾爺爺當年渡台後和我們家失散了。曾奶奶一輩子都很想念他，我想找到曾爺爺是她一輩子的心願，所以就來到這裡了。」

當一個被珍藏許久的盒子被發現，歲月裡那些不為人知的故事才緩緩道來。它像一罈塵封多年的佳釀，酒香隨日記裡的一字一句娓娓道來。

傷心欲絕，惶然無措，經歷過害怕忘記的時光，也經歷過想要釋懷放下的日子，一輩子到頭來依然將你深深記得。

歲月把情意釀得意味深長。

葉遙不好意思地抓了抓頭髮：「其實我也不知道自己找不找得到曾爺爺，也不知道他還在不在世上……但我想，事情做了總比不做好。」

「我今天將他們兩位老人家當年的合照影印本交給相關單位了，希望能有個好結果。」

老闆娘終於想起，她在一年前也看過一張相同的照片，聽過一個相同的故事，在另一個人的口中被講述。

是位老先生。

不同於今天沉悶的雨天，一年前是個很溫暖的冬日。

老人就坐在相同的位置，為了一碗酒釀丸子，向老闆娘娓娓道來。

比起年輕人葉遙，老去的葉寧遠口述時語氣裡帶著滿滿的溫柔和悵意，而他的曾孫子還很年輕，大概是怎麼也學不會的。

原來命中已註定好，兜兜轉轉兩人先後陰差陽錯這樣錯過。

原來千千百百個故事裡，總有一個吻合得那樣恰好。

老闆娘還記得當時自己說：「好在現在一趟飛機就可以飛過去。老先生你還記得自己的故鄉嗎？」

而老人摩挲著陶瓷的杯沿，眼眉低垂：「是啊，終於……」

「其實，我今天剛從醫院複診完，我已經癌症晚期了。」

原來背後還有這樣的隱情。

人之將死，有的人無比畏懼死亡，而有的人則無比釋懷坦然。葉寧遠屬於後者。面對梧葉食單老闆娘隱隱的關切和擔憂，葉寧遠自己反而沒有那麼介懷。他笑了笑自嘲說道：「我是個懦弱的人，否則不會等到快要死了才豁出去，想要再回到她的懷抱。」

「不，您是個很坦率的人。」

老者一晒：「是麼。」他臉上的溫柔沉澱時光，投影出他二十歲時青澀的模樣。

葉遙說完故事，和老闆娘點了他自己的菜單：「就來一份酒釀丸子吧。」

「這是曾奶奶最拿手的，我小時候最喜歡她做給我吃了。」

「後來我才知道，這都是曾爺爺喜歡吃，她特地苦練的，後來沒有機會了，只好一碗碗做給我們這些小輩吃。」

熱騰騰的酒釀丸子端上來，帶著家鄉的甜味，葉遙趁著氤氳的熱氣埋頭吃了一勺，露出笑容。

「有時候，我會覺得我這個名字是有寓意的。『葉遙』、『葉遙』，她一定很想他。」

「希望我能找到他吧。」

老闆娘道：「會的。」

葉寧遠他回到家了嗎？或許有？或許沒有。

重要嗎？

好重要。

病痛的身體撐不到那班回故里的飛機，抱憾而終；若能回去，也不過見昔日髮妻一座墓碑。

不重要了。

以前不懂得什麼叫生者為過客，死者為歸人，如今卻明白了。

世間自有癡情人。

踏山踏水的旅人，你要去哪啊？不敢停下腳步，只怕錯過了他。

原來你只是在想家。

南海竹笙

陳栩彤

　　同安街的一條小巷裡，藏著一棟日式小木屋。低矮木門的縫隙透出它特別的味道。淡淡竹清，輕飄桂香，雨後草青，還有匆匆路人聞不到的木頭味。

　　這極具特色的一戶，曾經是一位名人的故居，現在是間容納了千百人故事的餐廳。

　　它叫「梧葉食單」。

　　7月1日，「梧葉食單」來了一位女客人。

　　她身穿米色連衣長裙，腳踩簡單的白鞋子，右肩揹著一個很大的包包。長髮絲猶如被微電流擦過似的，微卷蓬鬆，自然隨性地散落，隨風飄動。脖子上掛著 canon 的帶子，左手托住單眼相機。白皙修長的手指輕輕地把貼上乾淨臉龐的兩三根頭髮繞到耳後，眼神定在「梧葉食單」的木製招牌上。薄唇一翹，眼神更加堅定，推開矮木門，進了院子。

　　7月的第一日，對於台北，早已入夏了。強光在碧藍潔白交錯的高空俯視這座都市，各式建築與植物散發著迷人耀眼的金色。處在街巷角落裡的「梧葉食單」也一樣，陽光燦爛了院子的每一根細竹，每一片葉子，照亮了小池水底的微小顆粒。更多的暖陽是隨著這位新客人進門而竄入的。盛夏陽光的熱量與室內冷氣交織住，平衡了氣溫。這26度的空間裡，來了今天的第一位客人。

「歡迎光臨梧葉食單！」開聲的是一位正在擺盤子的女服務生，「您好，請問幾位呢？」話畢，她已經快速地擺好向客人走了過去。

「一位。」客人尾隨女服務生到吧檯的位置。

「坐這裡可以嗎？」女服務生詢問道。

「可以。」客人點點頭，坐上高腳椅，把相機放在桌上，大包包塞進腳前的暗架裡。

廚房的門簾被掀起，一位年輕的女人緩緩向她走來，步調不快不慢。微捲的及肩頭髮沒有瀏海，裸色粗高跟鞋走在木地板上發出動聽的韻律，綢緞襯衫繪出纖細骨感，直筒西裝褲更凸顯別樣氣質。一身白衣的老闆娘走近她，「您好，歡迎。我是這家店的老闆。」她微笑，「妳是我們店今天的第一位顧客，很高興能遇見妳。」她舉手投足間都透著與店裡極為相似的淡雅，讓人如沐春風。

「妳好，我叫李梧葉。是朋友向我介紹妳們店的，的確很別緻，一進來就好喜歡。」

「妳也叫梧葉？」

「嗯，是的。很巧吧？朋友和我說我和妳們店的名字一模一樣。」梧葉會心一笑，「所以我一定要到這裡看看。」她繼續道：「都說『梧葉食單』是以故事交換食物，來了台北幾天，一定要來體驗一下。」

「想問問妳的名字是……」老闆娘還沒說完，梧葉就領會

了，接道：「這是我父母給我起的名字，小時候家裡院子種著一棵梧桐樹。媽媽特別喜歡梧桐樹，當然這樹是我父母一起種的。而媽媽姓葉，所以就叫梧葉了。」

「看來我們真的很有緣分哦！」老闆娘說著，一隻棕色的柴犬走了過來。「噢，牠叫小柴。」後摸摸小柴圓滾滾的頭，示意牠乖一點。

「我們很有緣，我自己也養了一隻柴犬，家裡還有一隻柯基犬。」梧葉蹲下靠近小柴，牠親暱地蹭在梧葉的懷裡。梧葉對著小柴說：「我家那隻叫『雲呢拿』（粵語音譯，『香草』的意思），年齡大約和你一樣，可沒你這麼乖巧，淘氣的不得了……」

正午時分，從窗外望進屋子裡，看見一人一狗蹲坐在地板上，彷彿是無話不談的知己。

店裡的另外一名服務生阿斐過來餵小柴吃午餐，梧葉才捨得和小柴分開。

「小柴第一次和客人玩那麼久，看來妳們真是好朋友啊！」老闆娘調侃道。

不知不覺，店裡已有其他客人進來了。梧葉坐回吧檯，「是啊，有種一見如故的熟悉感。」梧葉不捨地望著小柴離去的方向。

「怎麼？心事很重重的樣子。介意說給我聽嗎？看看我能否為妳解答。」老闆娘在店裡遇過不少像梧葉這樣的年輕女孩，她總能為女孩們解答一二。其實老闆娘很年輕，可她的想法總是十分通透，這和她獨自拼搏並享受孤獨不無關係。她也是在別人的

經歷裡學習，如何找到自己最愛的生活方式。

「不介意，我還想嚐嚐妳們的手藝呢。」梧葉假裝釋懷，「前不久外公過世，我因為一場很重要的競賽，沒能回家見他的最後一面。媽媽問我後不後悔，我說不，但很難過。放假了，想逃離，想撥開前方的迷霧，想選一條路，所以就一個人來台北待幾天。」梧葉用最簡潔的言語說出，語速很快，迫不及待想脫離回憶傷感的情緒。

老闆娘站在吧檯裡面，輕輕地握住梧葉的手。

「我大概知道妳需要什麼樣的午餐了。」老闆娘的唇角勾起，注視著梧葉，目光裡並沒有憐憫與可惜，眼裡充滿了對梧葉的欣賞。她走回廚房，對沉默已久的大廚交代了菜式。很快，她又折回吧檯，手撐著桌沿，微俯身，眼神堅定地看向梧葉：「我想，這個問題在妳心裡已經有了選擇，儘管這可能不是個十分確定的答案。」她轉過身去，準備調飲料「人真的需要一份認同感啊。與君不謀而合則尋到支持，與君背道而馳則悟到堅持自我的理由。『走心』吧，當下需要走熱愛的路才會有以後。妳是個聰明的人，妳會知道怎麼說服自己的母親的。」

老闆娘把一杯絲襪奶茶遞到梧葉面前，「嚐嚐，看味道正不正宗。」

梧葉盯著絲襪奶茶，彷彿能把它吸出漩渦似的，拿起馬克杯，熟練地攪了攪，慢慢地喝了一小口。「有家的味道。」她最終開口。

　　「能在異鄉品嚐到家的味道是一件幸福的事。」老闆娘轉身到廚房窗口，一言不發的大廚把一個大碗遞到窗口，向梧葉點點頭，臉上仍是毫無表情。

　　老闆娘雙手捧著那碗，邁著依然優雅的步伐，把一碗鮮蝦雲吞牛腩竹笙麵放在梧葉面前。「南海竹笙，請慢慢享用。」

思念

蕭韻晨

「歡迎光臨！」

小松笑眯眯地招呼帶著一襲雨水和寒風進店的棕髮青年，他的牛仔外套上飄著一層細細瑩瑩的雨絲，一雙暗色的瞳不著痕跡地在室內環掃過一圈後，才拉開椅子入座。從他素白的手腕上露出一串琥珀珠手鏈，小柴歡快地搖著尾巴來到青年的腳邊打轉，青年莞爾一笑，彎下腰摸了摸小柴柔軟的腦袋。

「帥哥請點餐！」阿斐遞來一張空白的菜單和筆放到青年面前，「寫下你想要吃的食物就可以咯，來吧！」

「什麼都可以嗎？」

「嗯，不過地域性太強的，比如什麼蘭州拉麵啦、河南燴麵啊、柳州螺螄粉之類的是沒有的啦！」

青年遲疑片刻後寫下了一道菜名：燜豆腐，他的聲音很溫柔清潤，如春日裡融化的溪流那般清越動聽：

「謝謝，多少錢？」

「不用錢哦，」小松眨眨眼，「只要你拿故事來換就好了！」

「故事？」青年挑了挑眉。

「是啊是啊，你是來台灣旅遊的嗎？」阿斐開啟了戶口調查模式，「還是來台灣讀書的？我看你還蠻年輕的，幾歲啦？叫什

麼名字，住在哪裡啊？是台北人嗎⋯⋯」

「阿斐，」櫃檯盡頭的老闆娘終於忍不住了，她過來用托盤輕輕敲一下阿斐的腦袋，「你是看上人家了嗎？問東問西的超級沒禮貌的誒，不好意思哦，阿斐就是這樣，不要見怪。」

「不會的，」青年微笑著搖搖頭，「我叫蕭七里，是大陸來的大三學生，來台灣當一年的交換生。」

「哇哦，交換生，好厲害誒！」老闆娘鼓了鼓掌，「你說你叫蕭七里是嗎？好特別的名字哦，我很少聽到姓蕭的，還叫七里，為什麼叫七里呢？是不是有什麼特別的意義嗎？」

「因為我奶奶喜歡七里香，所以我就叫七里了，沒什麼特別的意義。」蕭七里撓了撓棕髮，他的髮根長出一截新鮮的黑色，卻也不是顯得那麼突兀，「要說故事什麼的，一時半會也想不出來⋯⋯。」

「人生本來就是一個很漫長的故事，」老闆娘微笑著為蕭七里倒了一杯冰紅茶放到他的面前，「無論現階段你是痛苦還是快樂，都只是這個故事中的一個小章節而已。」

「其實我想家了，」蕭七里喝了口冰紅茶，「我以前從來都沒有這種感覺，自從我爺爺去世之後，我突然發現我並不是那麼無牽無掛。」

「誒⋯⋯不好意思哦，」老闆娘聲音沉了下來，「戳到你的傷心處了。」

「這又沒什麼，死亡是人類最終的歸宿，一個生命的終結並

非是結束，同時也意味著一個新的開始，」蕭七里莞爾一笑，「但是留在世間的生者總會思念，只要在塵世中，我們這種凡夫俗子就逃不過七情六欲的羈絆。」

「台灣不好玩嗎？」小松不解地問：「你四處去走走玩玩就好啦，放鬆放鬆心情嘛！」

「小松你說得可真輕鬆……」阿斐在邊上涼涼地說。

「喂你真是不可愛！」小松猛地一捏阿斐的臉蛋，疼得阿斐哇哇直叫。

「我小時候，都是和我爺爺奶奶一起生活的，你們也是吧？」

「沒有啦，我們都是上幼稚園給爺爺奶奶帶的！」

「我是哦，」老闆娘撐著下巴說，「我小時候和爺爺奶奶一起長大的。」

「那老闆娘應該能懂我吧，我小時候和爺爺奶奶一起生活，雖然不是很富裕的生活，但卻很快樂，那時候我很喜歡和爺爺一起出去玩，他會帶我去看很多當時我覺得特別有意思的東西，比如他帶我去火車站看火車，那時我覺得火車好厲害啊，車輪哐哐地撞著鐵軌，我就蹲在月臺外面數有多少節火車，可我怎麼都算不準。」

「我小時候夢寐以求的就是坐火車，因為我覺得坐火車是要去很遠很遠的地方，只要坐上了火車，就可以去到世界上最遠的地方。」

「噗，你為什麼這麼想？」小松沒想到這個看上去帥氣溫柔的男生居然會有這麼幼稚的念頭，「我倒是覺得坐機車就能走遍所有地方啦。」

「因為我爺爺告訴我的啊，他還帶我去看戲，你們叫布袋戲，我們叫木偶戲，有時候寺廟有活動，就會請戲團來給街坊表演木偶戲。」

「你聽得懂木偶戲哦！」阿斐雙眼發亮，「我都聽不懂他們在唱什麼！」

「我當然……」蕭七里拖長了尾音，「聽不懂。」

「暈倒。」

「後來我長大了，學業越來越重，見爺爺的次數也越來越少了，爺爺生過一場大病之後患上失智症，幾乎都不記得我了。」

「有時候我回去看他，他還記得我是誰，卻不記得我多大了，他還問我怎麼沒去上課，我告訴他我已經上大學了，有時甚至都不知道我是誰了。」

「再後來，爺爺就去世了。」

蕭七里灌下整杯冰紅茶。

「我從爺爺葬禮回來的路上突然懂了很多，在那幾天的時間裡我好像成熟了十歲，小時候看火車的時候，爺爺告訴我火車可以去到很遠的地方，所以我一直以為火車是可以去到世界上最遠地方的交通工具。後來我坐過動車、坐過飛機，有一次終於心血

來潮坐了整整五個小時的綠皮火車。我才發現原來火車這麼慢，雖然它的確可以去到很遠的地方，但無論它能去到多遠，都無法帶你到思念的故人身旁。」

蕭七里哽了哽，低下頭不再說話，老闆娘以為他在哭，沒想到蕭七里抬起頭弱弱地問了一句：

「我的爛豆腐好了嗎？我好餓……」

在場的人憋著的一口氣瞬間噴出來，就像漏氣後噗嚕嚕亂飛的氣球，就連小柴都站起來搖了搖尾巴繞著蕭七里轉了幾圈。

「來了來了，」阿斐趕緊把爛豆腐端上來，「快吃吧！大叔第一次做的不知道好不好吃。」

「好吃嗎？好吃嗎？」

小松捧著臉湊到蕭七里身邊問，阿斐翻了個白眼說：

「喂，你不要看人家帥就一直盯著人家看好不好，很沒禮貌欸！」

「要你管哦！」

蕭七里默默地把爛豆腐吃完後，向老闆娘道謝，便離開了。

「到底大叔做的爛豆腐好不好吃啊？」小松還是忍不住八卦地湊上來問。

「大概在他的心裡比不上故鄉的味道吧。」

老闆娘看著空蕩蕩的碗，笑了笑。

暖秋

周穎

　　台北，秋意漸濃，月色朦朧。夜已漸深，涼風習習，遠方的101大樓在黑夜中無比的耀眼，但街道兩旁的店鋪只剩下零星點點的燈光，伴隨著整座城市漸漸入眠。

　　漆黑的夜裡，一個小小的孤獨的身影走在寂靜的街道裡，鑰匙拿在手裡，把玩了一下，順手丟進了背包裡。看著街道上飛馳而過的汽車，兩旁泛黃的路燈，微風吹拂著樹葉，吹過她的臉。明月高掛，空氣裡摻著雨後清新的味道還有淡淡的食物香氣……，今晚為了省錢都沒有吃飯，肚子不爭氣地餓到不行了。

　　天氣感覺不錯，就是有點餓了。

　　尋著味道走去，那是一家深巷裡唯一仍舊亮著燈光的店，趴在門口的小柴犬，昏昏欲睡。側著頭，豎著耳朵，彷彿試圖聽清店裡顧客們和主人的對話，卻又受不了睏意的瘋狂來襲，不一會兒就耷拉下了耳朵，睡著了。

　　小彤情不自禁地走近店門，蹲在門口看著這隻被養得胖胖的小柴犬，忍不住伸手順了順牠頭上的毛。

　　「小東西，你主人也對你太好了吧，把你養得這麼胖。」

　　老闆娘從店裡走了出來，親切地笑著看著小彤。小彤捋了捋已經入睡的胖狗身上的毛，站了起來，朝女人微微點了點頭，笑了笑。

「妳好，喜歡狗狗？」

「對啊，好可愛。」

「牠每天都這時候趴在這裡睡，真的太懶了。」老闆娘疼惜地看著趴在地上的胖柴。

小彤俯下身，輕輕地戳了戳肉鼓鼓的小屁股，抬頭看著老闆娘。

「那很幸福吧，每天吃吃喝喝的，就每天看著來來回回的人，還能去和別的狗狗打打鬧鬧，自由自在，沒有煩惱，真好。」

「小妹妹是剛剛下課嗎？這也太晚了吧？餓了吧？要不要進來坐坐？」

「沒有，我只是剛剛從圖書館出來。是有吃的嗎？剛剛就是聞著香味找過來的，餓慘了。」

「當然，來吧。」

小彤跟著老闆走進了店裡，淳樸的小店，木質的傢俱，溫馨的燈光，沒有什麼過多的擺飾。店面小小的，客人們都圍坐著，他們看似認識又看似不識，隔著坐卻又聊著天。

「隨便坐吧，自在一點，都是朋友。」老闆笑著對小彤說道。

小彤選擇了一個靠牆的地方，坐下。

「嘿，小妹妹，想吃什麼？」一聲清脆的女聲從身後傳來，輕拍了一下她的肩膀。

「請問有菜單嗎？桌上沒看到。」小彤張望著只有小小的餐

具盒和茶水的桌面。

「咦，看來妳可能沒留意到我們門口那塊小板子吧！想吃什麼，只要我們能做的都可以點。」

「那一份咖哩飯好了，剛剛就是被這個味道吸引來的。」

「好的，對了！妳有故事嗎？」

「故事？什麼故事？」

「什麼故事都可以哦，只要妳願意分享，餐點一律免費哦。你慢慢想想，我先讓廚房為你準備一下咖哩飯好了。」

「我的故事……」

小彤微微低下頭，冥思一會兒，無奈地笑了笑。再次抬起頭，看到的是老闆娘和藹的笑容，深深地吸了口氣，彷彿是要下一個很大的決心，「說出來可能會舒暢很多哦！」坐在桌對面的老阿姨笑著對小彤講，「我在家可是有被家裡那老頭家暴呢……有什麼大不了的，人還是要生活，要往前看。小妹妹，妳還小，分享一下，也許我們幫得上忙呢！」

我的故事要從半年前說起吧……，半年前的我有一個溫暖也算是富有的家，起碼我想買什麼父母都能無條件地買給我，不管有用沒用，反正家裡的人就是都會把最好的給我。而其實我是一個來台灣研習一年的交流生，是當初高考報志願的時候就已經說好大三要在台灣學習一年，前兩年滿心歡喜的期待著這一年的到來，就在暑假的時候，我媽有一天哭著對我講，她被別人騙了，騙了足足八百多萬，幾乎把家裡的所有積蓄都騙走了。」

老闆娘緩緩地向小彤走來，坐在她的身旁，「然後呢？」

「我那時候驚呆了，不知道作何表情，也不知道要做什麼。安慰嗎？還是抱著一起哭？抑或是生氣地質問他們為什麼平白無故被別人騙？我只是呆滯地看著痛哭流涕的媽媽。以後，未來，我要怎麼辦？」小彤平靜地說著，彷彿是說著別人的故事，坐在旁邊的老闆娘輕輕地握著她的手，原本熱鬧的小店變得寂靜，每個人都陷入沉思，偷偷地看著小彤。

「爸媽對我說，為了能夠生活，家裡只好先把能賣的都賣了，再向親戚們借錢供我和弟弟讀書。所以啊，我在大陸的時候只能逃課打工，我舍友和朋友勸我學生還是學習吧，打工可以用週末啊，做個家教什麼的，平時少花一點也就可以了。但她們都不懂，生活有多艱難，僅僅只是週末的時間根本都不夠。對啊，生活還是要繼續，只能咬著牙了。

陸生在台灣是不可以打工的，當時很想退學，直接出來工作，家裡本來就已經負擔不起這麼昂貴的學費，還有我的生活費，這一切都不知道家裡要怎麼把錢湊出來的，每次向父母要生活費都不知道如何開口，我也就只能拼了命的學習，別人出去玩，我就用學習來填充自己的生活，至於錢，我省吃儉用騙父母說夠用。不知不覺，好像有淚珠滴落在桌面上，小彤也不知道那是眼睛裡落下的，還是從心裡……。」

「來，小妹妹，妳的咖哩飯，主廚為妳特製的，妳嚐嚐。」

小彤擦了擦不知何時已經潤濕臉龐的淚水，拿起勺子，笑著吃了一大口。

「怎麼這咖哩飯……」

老闆娘摸了摸小彤的頭，捋了捋她的頭髮，笑著說，「剛剛主廚跟我說，他也聽到了妳的故事，孩子，妳辛苦了。不知妳能否吃出來這咖哩飯與一般咖哩飯不同的東西？主廚將土豆換成了苦瓜，咖哩裡還擠了點檸檬汁，檸檬的酸甜味混著咖哩的微辣，再加上微苦的苦瓜，生活就是這樣，酸甜苦辣的。很慶幸的是，妳很樂觀，清楚知道自己要做什麼，並努力生活。想想看，妳還有完整的家，有需要妳的地方，還有一群好朋友，一切都沒那麼糟。孩子，成長就是這樣，即使家裡沒出事，妳最終還是要靠著自己的力量去生活，妳很棒，真的很棒。」

眼淚還是忍不住，奪眶而出，「謝謝，謝謝老闆」，老闆輕輕地抱著小彤，「多吃點，妳看妳太瘦了」。小彤離開了懷抱，轉過身把桌上的咖哩飯一粒不剩的全部吃完。

小彤握著老闆娘的手，走到店門，「快回去吧，太晚了，別讓舍友們擔心。以後什麼時候都可以來找我們，給妳做好吃的。」

「好。今天的我，真的很開心，很幸運遇見你們。」

微風拂過樹葉的沙沙聲，泛黃的街燈仍舊亮著，只是少了那呼嘯而過的汽車，遠方的 101 大樓依然閃著亮光，而這座城市已經進入了美夢……。

那個女孩，回到屬於自己的地方，漸漸入睡。

即將來的冬天，應該會挺溫暖的吧？

時光信

劉雪菲

「梧葉食單，總算找到了。」女孩兒停下腳步，抬頭看了看木質招牌，自言自語。

她收傘抖抖上面的雨水，順手拿了個傘套進去了。

「只有您一位嗎？這邊請！」小松日常地說道。

女孩點點頭，跟著小松走到了一張靠窗的餐桌旁。她捋了捋裙子坐下，說：「是我的一個好朋友介紹我來的，說你們店裡很有特色。」

「是這個樣子的喔！我們老闆娘推出了『以故事換食物』的服務，客人只要和我們分享一個故事便可以享受免費的食物。」小松歡快地說。

「咦！有趣誒！那客人們要將故事講給誰聽呢？」

「我們店裡一共有四個人，老闆娘、主廚、阿斐、我，還有一隻名叫小柴的柴犬。您可以選擇聽眾！」

「小松！你先給客人倒水了啦！」老闆娘笑著走過來。

「剛剛聽說妳是朋友介紹來的，請問她是？」

「你好，我叫許願，我朋友叫諶伊。她之前來淡江大學交流學習。」

「噢噢！她經常來我們餐廳，她倒是有一大筐子的故事，但

11 月之後就沒有來了，我對您的名字有印象。」

「也許，我可以和您說說我們的過去。」許願說。

「洗耳恭聽！」

「我和伊是『髮小』，妳知道髮小吧？就是那種從小玩到大的好朋友。我們一起玩泥巴、看言情小說、吹牛，形影不離了19 年。直到有一天，她神神祕祕地對我說，她喜歡上了一個男孩，那個男孩紋身、抽煙、飆車，做的事情無所不酷。我不喜歡她這樣，勸她、私底下找那個男的讓他放棄，總之就是要死死拽回她的心。原因很簡單，我覺得那個男生一定會傷害她，當時覺得一定會！我們為此翻臉，我以為她徹底背叛了我們的友情，她或許以為我太自私了吧。但……」許願哽咽了：「其實，我應該尊重她的選擇，我不應該和她吵。在她出事前……」

「出事？？？」老闆娘大驚失色。

「是，她已經……」

時間似乎定格住，梧葉食單裡一片沉寂。

許願吸了吸鼻子，繼續說道：「我們冷戰一年了，她出事時我正在深圳看她愛豆的演唱會，那時是想把我錄下來的演唱會視頻作為我們的和解禮物。她出事之後，我關了自己一個星期，在黑暗裡我似乎能看見她。半年後，她的那位男朋友到福州找我，給了我一疊信說，這一年裡她每個月都會寫一封信給我，可這些信全被她裝進了盒子。我想，她是有想過要寄出去的。」

「您很想念她，所以來了台灣。」老闆娘遞給了許願一張面

巾紙，一邊說到。

小柴蹲坐在許願旁邊，輕晃著毛茸茸的尾巴。

「這是她提到你們餐廳的一封信，也是最後一封。」許願從包裡拿出一封貼著郵票的信封。

展開見字：

親愛的願：

妳最近好嗎？我們和好吧。

妳知道嗎？東張西望，發現竟然 11 月了，這一瞬間浸滿了我一個噴嚏後的茅塞頓開。我們冷戰已經 8 個月了，我真的好想妳。

和朱自清寫的《匆匆》一樣，我恨不得趴在時間上面鍍金，尤其是這來之不易的台灣求學之旅。在赴台前，我曾作為學生代表講話，說：此時此刻，你我都成了海峽兩岸互通的使者，我們一定要以珍惜的姿態擔負起使者的責任，長路漫漫兮，吾定將上下求索。我想，妳懂得我這「匹夫有責」的信念吧，哈哈哈，此時真想緊緊抱住妳，好久沒人與我心心相照了，他們只會笑話我古板。

我遇上了幾位良師，可謂是學有所成的一大步。在淡大，遇到的第一位老師酷似憨態可掬的國寶大熊貓，他叫陳建安（老師），講課時總是忘我地左右搖擺。他擁有豐富又傲人的經歷，所以總能娓娓道來一個讓人忍俊不住的小故事，這些都是我們課堂上有魅力的點綴。遇到的第二位良師是馬銘浩老師，在 2015

年的開學典禮上，他就曾與我們致辭。9 月 12 日再次相見時，我從容地點開百度雲，翻到了一張「封存」許久的合照──穿著藍色 polo 衫的馬銘浩老師和披著黑色長髮的我。在課堂上，他經常一本正經地同我們開玩笑，但玩笑中又透出一股認真勁，不由得讓我反覆咀嚼。這兩位老師便是我在淡江大學最敬畏的兩位良師，追隨他們，受益良多。我想起我們高中相約下課就奔向數學老師身邊的那段日子，對於「暗戀數學老師」這件事兒我們心照不宣。還記得妳一本正經地說：「反正成績提高了，班主任又管不著。」現在想想也是覺得這話精闢的很呢！

　　我選擇了兩個感興趣的社團，有同齡人的互相關照和習得技能的獲得感。因為在福師大錯過了加入社團的機會，我決定在淡江大學好好彌補自己──加入國標舞社和單車社。單車社在雙十節舉辦了一次「淡淡相連」的活動，我和胡續燁都報名參加了。三百多公里、三天兩夜的騎行成為了我可勁兒炫耀的談資，畢竟我 2017 年暑假才學會騎單車，是弟弟教會我的，他可能比妳更適合做我的自行車老師吧！單車社一行有十幾個同學，其中八個是幹部，五個像我們一樣的新生。騎行前，社長對我們說，安全第一，我們都不要騎太快。於是，我便秉持著大家都會慢慢騎的想法踏上了征途。萬萬沒想到！我蹬上踏板一坐下後，愣是看見他們已經 500 米開外了。我很賣力地一蹬一提，胡續燁輕飄飄地尾隨其後，不斷念經：換擋！上坡了檔位調低！靠右！我有時候會很惱火，但是理智告訴說不能衝動，便會對自己說：「不聽不聽，王八念經」。

　　三天之後，我儼然成為了一個地地道道的黑人，每天不是

長裙就是長褲、口罩，我把自己包起來休養。胡續燁在騎行後嚴重蛻皮，像極了脫鱗片的蛇，太可怕了！儘管如此我也沒有嫌棄他，在閒暇之餘，我會耐心地幫他把手臂上欲脫不脫的皮給拔下來。相比起這個尋求變速與刺激的社團來說，另一個社團國標舞社倒是顯得更加雍容華貴、浪漫優美了。每週三學習舞序、週四學習基本步，幹部和老師都是一個模子刻出來的耐心與體貼，如沐春風。目前，我們已經把新生倫巴學完了，但是基本步這些還要勤加練習。穿上舞鞋，把重心控制在腳背上，「two, three, four, one」。我能在大學的尾巴裡這抓住這些奢侈的興趣，幸甚至哉！

我轉南向北，走進台灣的心坎裡。在我們 11、12 歲時，台灣是你我的念想之地。所以不論如何，我們說好要走遍台灣，阡陌交通。如今，我來了，在這裡等你！我看見：扶梯上右邊一列不急不緩，左邊一行急急忙忙；每棟大樓裡陳列著「一般垃圾」、「塑膠垃圾」、「紙盒垃圾」等垃圾箱，每天定點笨拙而行的大黃車；隨處可聽的謝謝，可見的微笑，這些都是台灣的平淡日子。那在龜山島海域邂逅海豚，在台北 101 上看見鱗次櫛比的藍色屋頂，在基隆大港上遇見的大型郵輪，在淡江高中尋找路小雨和葉湘倫不能說的祕密，這都是台灣的優雅姿態，也是我想妳的路線。

妳曾說，當一個人很想抓住時間時，說明這個人正在盡情享受著成長。以前，我把浴火重生的成長奉為圭臬，為此惶惶不安。現在看來，成長所需的功力，不過如此。

梧葉食單

　　對了，願願！最近我去了一家叫「梧葉食單」的餐廳，超級有特色，我先和妳賣一個關子，來了台北一定一定要去喔！

愛你的伊

2017 年 11 月 23 日

　　「那天，她講了妳們一起蹺課翻牆踩到蛇的故事。她的故事總是洋溢著童真的味道，而且她講述的妳率真、大方，沒有一點的怪罪與責備。」老闆娘對照日期翻了翻她手機裡的「故事匣子」。

　　這時，阿斐放下一個紅色木盒盛裝的鰻魚飯，說：「姊姊，妳最喜歡的。」

　　許願抬起頭，眼睛被淚水浸得模糊了：「諶伊告訴你的？」

　　「伊姊姊在她生日那天許下『天天吃鰻魚飯』的願望」

　　「我會把妳們的故事裝在一起。」

　　「謝謝你們。」許願浸滿淚的眼睛在說這句時一閉，淚珠打在了木質餐桌上。

　　臨走前，老闆娘往許願的手心裡塞了一張折疊小瓣的紙團。

　　許願出門後，在門口的那個燈籠下打開紙團看見：「當妳在海水的中央看不見島嶼，要知道，不是島嶼不在了，而是它正被海水緊緊地包裹了，保護著呢。——諶伊，2017 年 11 月 23 日」

就現在

邱仁秀

　　X在宿舍介紹「梧葉食單」的時候，她和媽媽正在視頻聊天，同尋常一樣，媽媽總笑著叮囑她注意身體、不要不捨得花錢，她笑笑點頭和媽媽說了再見，合上電腦。轉頭，X正眉飛色舞地說那家餐廳「以故事換食物」的活動。她在旁默默地聽了一會兒，心裡漸漸有了想法。

　　按照X給的地址找到那家「梧葉食單」的時候，離晚餐供應的時間還很久，她站在餐廳外面往裡面望，裡面似乎有點冷清。沒有給自己退縮的機會，她深吸一口氣踏進了店門。

　　「歡迎光臨！梧葉食單！一旁櫃檯傳來女聲，她轉頭，一名女生在擦著玻璃杯對她笑。

　　「謝謝。」她有些侷促不安。

　　「妳有故事要分享嗎？你可以隨意找一張空位坐下來，我們老闆娘馬上來。」女生說完，從裡間走出來一位知性的女性，她想這應該是這家餐廳推出「以故事換食物」特殊服務的老闆娘。

　　她坐在窗邊的位置上，看著老闆娘拿著紙筆向她走來，在她的對面坐下。

　　「我是梧葉食單的老闆。」

　　「妳好，我叫小Q。」

「想吃點什麼？妳知道我們店裡以故事換食物的規矩吧？」老闆娘把紙筆遞給她。

「知道，但我……我不知道吃什麼？」她低頭看著那張紙，上面印著「梧葉食單」。

「那，和我分享妳的故事吧。」老闆娘笑了笑，一副洗耳恭聽的樣子。

「我爸爸很早就去世了。」她慢慢地說出這句話，雙手緊握著。

很久沒有下一句，老闆娘也沒有出聲提醒，只溫柔地看著她。

「前幾天，我在課堂上看了一部電影，叫《心靈時鐘》，談到爸爸去世後，媽媽、姊姊、弟弟，一直無法走出悲傷而發生的一系列事情。這部電影對我觸動很深，看的過程中幾次落淚。」她繼續說。

老闆娘輕輕地拍了拍她的背以示安慰。

「但是，我今天想講的不是我的爸爸，而是另外一個人。」她抬起頭對老闆娘說道，眼裡有淚光。

「嗯，妳說。」老闆娘的聲音聽起來很溫柔，帶著安定人心的力量。

「他，是我的繼父。」此時，她轉頭看向窗外。「還記得我第一次見他的時候，我九歲，上小學二年級，父親這個角色在我

的生命中缺席了七年。」

她頓了頓，繼續說道：「已記不清當時他的模樣，只記得母親溫柔的笑臉，久違的笑臉。當時偷偷聽媽媽和外婆談話，知道他會是我的爸爸，其實我是很欣喜的，這個角色，在我的世界裡缺失了這麼多年，我想，這一次也許可以完滿了。」

聽身邊的同學說，爸爸是一個會給你買很多好吃的、很多好玩的、很多好看的東西的人，他會寵愛你、保護你，告訴你未來的路怎麼走才不會摔跤，他總是什麼都懂、什麼都能解決，爸爸，就像一個神的存在。於是，她是憧憬的，她也期待著和其他人一樣擁有一個神一樣存在的「爸爸」，一起生活，一起玩耍，一起成長。可是，她似乎是高估了自己。

她把視線從窗外轉到空白菜單上，「媽媽和他在一起後，一直撫養我長大的外婆身體不好，再也分不出心力來照顧我，我去了縣城讀書，也順理成章地住在他和媽媽在縣城的家中，開始了『一家三口』的生活。記得那時候，每天放學還沒下樓，在走廊上就遠遠就可以看見他站在校門口，在烈日寒風中，站成了一棵樹。而我只是走過去，不說一句話，然後坐上他的摩托車，在他的摩托車上，他總是會問我幾句話，那問題無非就是我在學校過得好不好、學了什麼、有沒有什麼開心的事，剛開始我還敷衍一下，後來我就只是說一句『沒什麼事』，之後就是長久的沉默。我能感受到他的侷促和小心翼翼，他那麼努力地想做好一個父親的角色，可是那時的我，還不會在這個時候給他一個渴望的女兒的撒嬌和溫情。」

　　她從來沒有主動和他親近過，不像其他的父女，他們之間像是隔著一道門，鑰匙卻在她的手中，從沒有想過把鑰匙插到鎖上。以前一直自以為是地認為，這道門可能就是血緣，就是他們之間僅有的一點點法律聯繫。她想，有時候父親這個身份是需要緣分的，她做不到對一個九歲才在她的世界裡出現的人太過依賴，她無法成為他的貼心小棉襖，也做不來他前世的那個情人。

　　她又頓了頓，「剛開始的時候，因為總叫不出爸爸這個稱呼，我總是可以看到他微微失落的神情。也許，那時的他，突然有了個九歲這麼大的女兒，而且性格敏感，脾氣古怪，肯定很苦惱吧。」

　　她說著，突然發笑，對著老闆娘：「原來自己一直這麼不讓人省心啊。」

　　「然後呢？」老闆娘發問。

　　「然後？然後我一直到現在都沒有叫過他爸爸……」她又低下了頭。

　　有時候她想，沒有人的感情能一直抗得過寒冬，總有一天，他會明白，他擠不進去她的世界，而只要到那個時候，他就會放棄對她示好，她也能夠從他的侷促和期待中解脫出來。然而，她想錯了。他仍是溫聲細語地問候她，為她做飯，給她買學習用品，接送她上下學，甚至幫她洗衣服；他仍是默默地站在媽媽身後，笑著聽她講在學校的事情，在快結束的時候叮囑她注意身體，照顧好自己，還有不要不捨得花錢，哪怕她並沒有什麼回應，哪怕她到現在沒有叫他一句「爸爸」。

　　老闆娘溫柔的眼神鼓勵她繼續，她長長地吐了一口氣，繼續道：「前段時間，我和朋友坐臺鐵去台南。在這趟火車上，看到一位伯伯被趕離座位，他嘟囔著說自己沒票，我的心裡莫名一酸，然後想起了他，那個不善於表達的人，那個養育了我十幾年的人，他是不是也遇到過這樣的情況，這樣地無助？」

　　沒有看老闆娘的反應，她拿起手邊的筆在紙上塗畫著，這是她回憶事情時的習慣，「曾經有一度，我們家的經濟特別困難，生計所迫，他離開家去外面打工。後來，聽他說，那是他第一次坐火車，因為買不到票，只能是無坐，他只能從這個座位被攆到那個座位，最後還是站了一路……他平淡地敘述著這些辛苦，彷彿故事的主人公是另一個人，而不是他。聽了這話，我心裡卻是一緊，在火車上當他被要求離開座位的時候，是怎樣地無助和侷促？這份侷促，是不是又和他的女兒，也就是我，當年給予他的一樣呢？明明知道他說的話沒有一點抱怨，可我還是覺得很羞愧。」說到這裡，她的眼睛又紅了起來，淚水在眼睛裡打轉。

　　他們之間的這段距離，起初他那麼努力想縮短，卻因她的冷漠而止步不前。她想想這麼些年來對那些溫情的一次次抗拒，突然意識到，她做了何其殘忍的一件事情：她一直拿著血緣的這把利劍，以自我保護的名義，用力地刺向他，直至他鮮血淋漓，戰敗而退。

　　「我有想過和他親近，在感受他無數次為我付出時，但……我似乎總是少了那一些些勇氣。」她有些喪氣。「我總想著，下一次，下一次我一定開口，下一次通話我一定開口叫他『爸

爸』……」

　　她沒有說完，老闆娘打斷了她，「妳先坐一會，我要送一道菜給妳。」

　　夕陽透過落地窗戶照進餐廳，餘暉灑在桌子上，透過窗外的樹葉在空白菜單上留下了斑斑點點。她靠在椅子上，心情慢慢平復下來。她從未在外人面前提起她的這一段故事，在人前她看似是家庭幸福、乖巧無比的好學生好孩子，只有她自己知道自己的內心是怎樣的糾結與煎熬，又是怎樣的陰暗與晦澀。特別是在台灣的這段日子以來，她又是多麼的思念媽媽和他，只有漫漫的長夜知道。而在「梧葉食單」，對著那位神祕的老闆娘，她說出了深藏內心的故事。隔著一張桌子的距離，很多對著熟悉的人無法說出來的事情都變得容易說出口了，不必擔心一抬頭就會看見或憐憫或責備的目光，不必在意對方知道後的反應而難以啟齒，因為桌子對面的人由始至終只用一片沉默的聆聽來回應她，她想，她來對了。

　　在接下來的二十分鐘裡，她又回憶了一遍與他的相處，同時期待著一道菜。

　　「來了。」伴隨著這一聲，之前在櫃檯擦玻璃杯的女生將托盤放在她的面前，裡面是一盤涼拌黃花菜和一張寫著字的紙，上頭印著「梧葉食單」。「這是我們老闆娘為你準備的一道菜，叫『忘憂』，另外，這是我們老闆娘想對你說的。」女生指了指那張紙。

　　「謝謝。」女生笑著搖搖頭，回到了櫃檯。

　　她拿起那張紙，在「梧葉食單」的下方寫著「忘憂」，再下面是老闆娘清秀的字：「萱草味甘，令人好歡，樂而忘憂。—《本草注》」

　　她再往下看，「黃花菜，學名萱草，又稱金針菜、安神菜，古名為忘憂草。我也曾看過《心靈時鐘》，人們總是要等失去以後才知道珍惜，而到了要告別的時候，往往來不及道歉、來不及致謝、來不及說我愛你……何不趁現在，在妳可以的時候，說一句『我愛你』，叫一句『爸爸』呢？這道『忘憂』（涼拌黃花菜）送給妳，希望妳樂而忘憂，同時，我更想說的是『別等黃花菜都涼了』！別讓『他』等太久！」她轉頭，老闆娘站在櫃檯旁對著她笑。

　　在放下紙這一刻，她也笑了，她想，下一次下車，她一定會去擁抱那個在烈日寒風中屹立的那棵樹，然後告訴他：「對不起，爸爸，原諒我讓你等了這麼多年。」

一杯清酒

慈宗柳

老闆娘獨自守在店裡，許多人都在歡度這個晚上，台北 101 大樓舉辦了盛大的煙火，城市的喧鬧讓這個小鋪置身事外，彷彿與世隔絕。

老闆娘覺得這個晚上一定會有奇妙的緣分發生，這種喧鬧的晚上，她的小店要給孤單的人一個溫暖的港灣，所以她安靜地等待著有緣人的到來。

一個女生從外面的喧鬧中脫出身來，走進這個小店，她關上門，整個小店又陷入沉寂。

「妳好啊，要點什麼？」

「清酒。」

「不去看煙火嗎？今天是 2017 的最後一天了，這一年，過得好嗎？」老闆娘像個故人一樣親切的問候她。

「沒興趣，這只會顯得自己更孤獨而已。」女孩抬起頭，老闆娘感覺她的眼睛開始猛烈地紅起來了。

「去年的今天，我也是這麼傷心地度過，」女孩說「我以為我逃離了大陸可以獨自清閒，但事實真是給我清醒的耳光。」

喬越，女大學生，單身，業餘愛好打遊戲，成績一般，並無特長，總之鹹魚一條。元旦的這天晚上，在老闆娘的店裡哭成狗是她人生中無數糗事中的一件。

　　喬越來到台北以後一直非常不順利，課業的緊張，同學之間的競爭，人生地不熟讓她在原本該游刃有餘的事中頻頻出糗。元旦的前一天她搞砸了自己準備了很久的朗誦比賽，回家的路上看到人們成雙成對地走著，壓抑很久的淚水終於忍不住淌下來。經過這家店，決定進來借酒消愁。

　　「我可能真的是很在乎面子和能力的人吧，每時每刻我都在擔心我做不好一些很小的事。」喬越眼睛紅紅的，「我真的很希望自己能做好很多事。」

　　「為什麼要來台北呢？如果如此缺乏安全感的話。」老闆娘輕輕地說，外面的吵鬧遠遠的，此刻，她們的對話只屬於彼此。

　　喬越的兩隻手不知不覺的摳著，這好像是她很慣有的動作，眼睛沒有焦距地看來看去，她的情緒在翻湧。

　　「高三的時候，學的是理科，數學非常糟糕。每週都有小考試總是出得非常的難，全班同學的成績都不理想，我也不例外。但是父母卻好像天要塌下來了，家裡的氣氛永遠像火藥一樣，常常說了兩句就會吵架甚至大打出手。

　　我很不明白，成績真的那麼重要嗎？考一個好大學在別的家長面前炫耀真的那麼重要嗎？家裡常常因為一個很小的測試而吵得不可開交，整個高三我都過得苦不堪言，我似乎無時無刻不在生病，但是卻要強撐著去上課、考試、看書，可是完全看不下去，身體就更差，更加著急。

　　我可能真的學不好數學了吧，高二的時候媽媽想讓我去參

加『藝考』，考播音主持。但我爸爸覺得這個沒有前途，偏要逼著我學數學，覺得那個有前途。我真的搞不懂了，這樣除了增加我的負擔痛苦和我們之間的裂痕之外，還有什麼正確的作用呢？『努力就能學會』這樣的說法，怎麼他這麼大的人了還要欺騙自己呢？」喬越的語氣有點激憤，這麼久了他還在在乎這些事。

「來到台灣以後，父母現在對妳如何呢？」老闆娘似乎關注了別的話題，在杯子子裡添上酒，又把新的小菜拿上來。

喬越低頭看著她倒酒，手指又不自覺地摳來摳去，彷彿腦海中在快速地回憶著什麼：「雖然上了大學以後父母似乎就不管她的成績，也不管她每天做什麼，但是想起從小忍受的斯巴達式教育就讓她對父母的態度冷冰冰的。」

兩個人有一句沒一句的說著，清酒小口的喝著，喬越說起前幾天媽媽說要來台灣看她，可是想要來這裡的手續太複雜，媽媽只能不來了。雖然高三的時候和媽媽之間經常鬧矛盾，但從小到大媽媽還是很支持她做喜歡的事情的。

「那麼爸爸就沒有做過很值得妳在意的事嗎？」老闆娘問。

「爸爸真的是一個很在乎成績的人，小時候她的所有課外書都偷偷藏起來看，爸爸經常當著她的面把她的書撕掉。任何和成績有關的事爸爸就會立刻認真起來。」接著喬越想起小時候父親有一次帶她去參加一個少年宮樂器統考，夏天太熱自己中暑了，從那之後父親就攢錢買了家裡的第一輛轎車，每天送她上學。在家裡還沒有車的時候都是爸爸騎自行車送她上補習班，每到下雨的時候，喬越就把頭埋在爸爸的雨衣後面。

「真是太在乎成績了吧……」喬越說。

「他是真的很希望你有出息呀！」老闆娘說。

喬越沉默了，想起很多東西，想起來台灣以後奶奶打電話和喬越說要記得給爸爸打電話，爸爸很想妳，但是爸爸不說⋯⋯

「妳這麼倔強的不和他們聯繫，難道妳真的不想他們嗎？」老闆娘又問。

喬越想起自己幼稚園的時候，到處和別人說自己的爸爸是最帥的王子，又想到爸爸每天賴在沙發上看電視的樣子，忍不住笑出來。又想到自己上中學的時候，在社區門口看見爸爸為了小事和一個三輪車老頭在吵架，一下很生氣衝過去幫他吵架的事。又想到爸爸帶她去遊樂園，她吵鬧著要買遊樂園裡很貴的飲料，爸爸一下買了很多給她的樣子。又想起自己在遊樂園玩過山車亂叫，爸爸明明被轉得臉色煞白卻死撐著叫她別害怕的樣子。

自己是倔強的自己，爸爸是倔強的爸爸。

其實爸爸一直很想妳，只是爸爸不說。

「果然我們一直都很像啊……」喬越想起媽媽說的話。

喬越的眼睛又紅起來了，她知道，自己的爸爸可能真的是她最愛卻又最無奈的人，如果說女兒是爸爸前世的情人，那自己和爸爸的前世一定是愛恨交加的羈絆與宿命吧。

在這個元旦的冷清的夜晚，一瓶清酒，一段故事，喬越和老闆娘，在這個世外桃源裡，把酒話桑麻。

消愁

何冠鋒

樹蔓枯竭凋落，微風灑悲奏，山高只願任水流長。

正是秋雨綿綿過後，初冬蒼涼，讓人容易感冒的時間。梧葉食單迎來一位頗為特別的客人。他穿著一身看似不菲的潮牌，充滿朝氣，可整個色系都是黑白色，讓人感覺低調、不浮誇，所以不會令人生厭，手上還戴著一串小葉紫檀和像是西藏的佛戒。他看不出來到底多少歲，因為他打扮成熟，可就算他把頭髮梳得高高的，弄了七分頭，也難掩他還未完全褪去的稚氣。這位年輕人長得英俊，劍眉星目，唇紅齒白，好似不曾經受過風雨，深邃的眼珠子又好像在告訴別人，他的心裡有許多道傷痕。

「這位帥哥你想吃什麼，我們梧葉食單的規矩你可知曉？」

「當然啦，我是慕名而來的，我還聽說這裡有一位很厲害的大廚。」說著朝向面無表情地炒菜的大叔點頭，「嗯，我想吃點溫暖的東西，冷死了。」阿斐開玩笑地說，「這才 11 月份，也不算很冷，過陣子更冷，你怎麼熬啊。」可我心裡冷啊，年輕人想道，臉上卻笑著說我可能天生比較怕冷。老闆娘眼珠卻是轉了好幾回，說道「你酒量好嗎？」「當然好啊！姊姊」年輕人朗聲道，「東北狼、西北虎，喝不過廣東小綿羊。」大家聽完皆笑了。

「Never mind, I'll find someone like you.」老闆娘把音樂打開，拿出一杯五顏六色的酒，上面第一層是粉色的櫻花酒，第二層是透明色的荔枝酒，第三層應該是綠色的苦艾酒，第四層紅酒，最

後一層看不出來是什麼酒。老闆娘把酒遞到年輕人的面前,「這杯酒叫消愁。」

「消愁消愁,呵。」年輕人扯出一個勉強的笑容,然後把它一飲而盡,原來最後一層是金色的威士卡。年輕人摸著如同藍寶石一般璀璨的透明玻璃杯,大喊一聲,「老闆娘,再來一杯。」「好,你喝慢一點。」說完就去準備,而年輕人唱起了歌。

「好吧天亮之後總是潦草離場,清醒的人最荒唐……」

一曲過後,年輕人的思緒偏向遠方,也不知道是跟自己說,還是跟老闆娘說,亦或是跟店裡的所有人說,「我叫何冠鋒,冠軍的冠,鋒芒畢露的鋒,這名字是我讀幼兒園時自己改的,以前的名字叫何伯通,被幼兒園的同學笑我是周伯通,我就自己改了這個名字。」老闆娘默默地把酒壺拿來,安靜地盤坐在冠鋒對面,聽他訴說。

「我出生在廣東佛山的一個大家族,我祖上是名符其實的東山少爺,我還有滿族血統,我爺爺奶奶那一輩,本應該安享晚年,兒孫滿堂,衣食無憂,可惜啊可惜。」說著又把老闆娘遞過來的酒喝乾,老闆娘也十分豪氣地掩面而乾。「可惜我爺爺奶奶命不好,子女不成才,我沒有父母,我是石頭爆出來的猴子。」

老闆娘知道他已經有些醉意,就按下冠鋒想要繼續舉杯的手,讓大叔端出一碗糖醋排骨飯,大叔把那碗飯堆得滿滿的,又默默地拿出了一些佐酒小菜。好像是泡菜跟雞塊,還有一道不知名、用酸甜醬淋上去的小菜。

　　「我們家算是舊地主，土地改革時被沒收財產之後，過了一段頗為艱難的歲月，改革開放後，雖獨爺爺沒有去香港發展。他開了一間鍊鉛廠，賺的錢都拿去幫助親戚。我的奶奶在那個年代也算是知識分子，但是爺爺不想技術外傳且固執不喜歡自己的老婆在外拋頭露面，因此奶奶就留在工廠工作了。」

　　「我的外公是個孤兒，從小吃苦耐勞，天資聰穎且能幹，成為當時鎮上最富有的村的村長；而我外婆則是村子的婦聯主席，本來我們家該風風光光，可是命運總是很愛作弄人。」冠鋒再喝了杯酒，夾了些小菜吃，原來是海蜇，酸甜辣辣的，就像自己的人生。冠鋒摸著酒杯繼續說道：「我之所以說我沒有爸媽，是因為他倆是失職的父母。」

　　「當時家裡如日中天，家族的子弟都很尊敬我爺爺、奶奶、外公、外婆，因為父母的錯誤成為我這一生永遠的痛。90年代，正是廣東最瘋狂的年代，賺錢快，同時也讓人墮落，染上毒品。奶奶問爸爸為什麼會吸毒，他說：『他開車太辛苦了，所以才會拿來提神，他以為跟菸一樣，沒有什麼害處』。」

　　我父親以前是開車的，在一個車隊裡運貨，吸毒還不是他最可惡的行為，他賺的錢不曾養家過。為了買毒品將貨車給賣了，甚至還四處去找親戚借錢，爺爺奶奶為此還花了非常多的錢幫他戒毒，可惜還是沒有用！」

　　「聽說我母親很厲害，人稱二小姐，她一個人開車去黑龍江運貨。而且我外婆在廚房才剛聽到她的車駛抵村頭的聲音，出來門口就已經看到她把大貨車停靠好，可想而知她的開車技術有多

好。甚至還聽姨媽說,她曾經被交警攔下來,就為了要她的聯繫方式,跟演電影似的,你看她原本應該是風華絕代的人物,為何落得如此田地。」冠鋒說著竟有些哭腔,不過到底沒哭出聲。

他繼續說道:「當時雙方父母都是極力反對爸媽結婚的,因為當時我爸就染上毒品,可我媽硬要嫁給他,所以她懷孕的時候已染上毒品了。」

「我出生後就是爺爺奶奶在照顧我,而親戚鄰居們總用異樣的眼光看我,他們好奇吸毒的人所生下的孩子會不會少個胳膊、缺個耳朵。還好,老天爺待我還算不錯,四肢健全,但是我出生的時候因為缺鈣,頭特別大,所以鄰居們都叫我『大頭通』。」

「我也特別討厭何伯通這個名字,可想而知,我從小遭遇多少挫折,多少白眼,尤其是我家道中落後……看盡人性的醜陋面。」

「我在兩、三歲時,就有記憶了,被於那些曾經傷害我的話語至今依舊清晰、歷歷在目。我時常在思考為什麼大人都不在意我、關注我?為什麼我跟別人家的孩子都不一樣?但是我從來都不會問我爸爸媽媽是誰?因為我很小就意識到、或說自小被灌輸我是沒有爸媽的小孩。」

「小時候還會很蠢,故意調皮搗蛋想要引起大人的注意,就如同動畫《火影忍者》裡面的鳴人,所以每次看到鳴人遇到艱難的困境時,我都會忍不住哭,但五年級的時候,慢慢發現原來我再怎麼調皮搗蛋,故意作弄別人,都沒有辦法吸引別人注意,因為我沒有好成績,沒父母,一無所有。」

「恰好那時我的一位姑姑去世了，她是因為吸毒過世的，那是我懂事後第一次面對親人的離去，我突然察覺我不能再這樣下去了，我要發奮圖強。在父母長達 10 年的獄中出來後，是我最艱難的歲月。」

「當時我還小經常被毒打、辱罵我無法反抗，我成為他們的發洩口，沒有人可以幫我，我感到絕望，同時意識到只有我能救自己。後來，我很努力、很努力考上最好的初中、高中、大學，現在又到台灣學習，積累了很多人脈，學習到許多寶貴的經驗，我成為家族裡面最光宗耀祖，我深感自己前途無量，一片光明正在迎接著我！」

老闆娘問，「那，那你的父母現在怎麼樣了？」

「母親在我讀初二時過逝，當時正在打工，我未見著他最後一面；父親現在罹患鼻咽癌並不樂觀……我並沒有因為這樣而感到快樂。

「我的心很空虛、很沒有安全感。」

老闆娘知道冠鋒所經歷的並不如他所說的那般輕鬆，陪他喝了一整晚，天快亮了再送他出門。冠鋒將糖醋排骨吃得乾乾淨淨。邊吃邊掉眼淚，說著「我好苦啊！我好恨啊！謝謝妳啊，老闆娘！嗯，有我奶奶做的味道，有溫暖的味道。」他們聊了好久好久，長夜漫漫，了無睡意，唯有美酒佳人做伴，方能不枉良辰。

天快亮了，冠鋒向老闆娘深深地鞠了一躬，「感謝妳老闆娘，我會再來的。」

　　「傻孩子，回去注意安全，下次再喝個痛快，下次把那個能給你安全感的人帶來」

　　冠鋒滿懷深意地笑了笑，「好，下次把那個人帶來。」

　　何以解憂，唯有「消愁」。

天街月色涼如水

王嘉藝

　　寂靜的街道，脫去了白天的喧囂。遠方的霓虹燈偶爾的閃爍，誘惑著人們陷入形形色色的燈紅酒綠中。夜漸長，月光靜靜灑下來，相比於人類世界耀目的電子燈光，這星星點點的自然燈光彷彿毫無存在感，自然，也就沒人駐足認真觀看過。

　　木製拉門緩緩被推開，在門口趴著閉目休憩的小柴立馬驚醒的直起身。一位年輕女孩走進來，站在門口打量了四周，很好，沒有顧客，安靜無聲，十分對她的胃口。走至吧檯旁邊，挑了正中央的椅子，等著店家出現。

　　小松從廚房走出來，端上一杯溫度剛好的檸檬水，微笑著朝她問好：「小姐妳好，想吃點什麼？」適當的熱情，讓女孩放鬆下來，身體向後倚著椅背。老闆娘從廚房嫋嫋婷婷走出來，遞給她「菜單」。接過老闆娘手裡的「菜單」問道：「如果你不知道要點什麼菜？你也可以是『以故事換食物』，您想吃什麼，我們做給您，但您要講一個故事給我們聽。或是在我們聽完你的故事後，為你量身訂一個適合這個故事的料理」。

　　女孩聽罷笑笑，「還挺有趣的。我今天正好聽了一個故事，不妨講給你們聽聽吧。」女孩揚唇淺笑，「不過我餓壞了，請先給我做一份排骨麵吧，不加香菜、不加蔥、不要辣。我要講的故事就和排骨麵有關。」小松拿著點好的菜單走回廚房，交給主廚，把正在乖乖削土豆（馬鈴薯）的阿斐拉出來一起聽故事。阿斐和

小松坐在吧檯左側，老闆娘坐在右側，小柴乖乖地趴在老闆娘腳旁，三人一狗圍繞著女孩，安靜地等著她開口。女孩目光沉靜，輕掀唇瓣，娓娓道來。

「故事發生在二十年前，主人公是一對平凡的小夫妻。男孩叫達，飛黃騰達的達，陝西人。呼應這名字，達從小就有大志，年輕氣盛，不想種田，十幾歲就偷偷離開家鄉去福建打工。在福建時，認識了小嫻。小嫻人如其名，嫻靜文雅。兩人相識在路邊，達在路邊唱歌賺錢，回眸間看到了小嫻。於是，他們相愛了。

達沒上過幾天學，白天做一些體力勞動，晚上在街頭擺攤或賣唱。但是小嫻出身書香世家，那時正在上大學。後來，因為她家裡極力反對，但是她執意要嫁給達，就和家人斷絕了聯繫，放棄了家裡的一切，和達領了結婚證書，跟著達一起到了台灣。」

女孩呷了口檸檬水，繼續說道：「剛到台灣時，他們身上沒有什麼錢。小嫻一直在求學，沒有什麼積蓄，達更是一貧如洗。所以，他們連最便宜的房子都租不起，只能住在天橋底下。天亮了，達去做工，搬磚、炒菜、賣檳榔，只要能賺錢的達都幹過。小嫻去當家庭教師，為了快一點賺錢，她每天兼了兩三份工作，除了教孩子功課，還幫人家打掃……」女孩悠悠地望著遠方，好像看到了他們互相扶持一起度過那段艱難日子的樣子。

「達現在還記得，有一次下大雨，天橋下都淹了，他們倆淋得像個落湯雞，只能去速食店避雨。」女孩想到了當時兩人的狼狽，不禁笑出聲，一口喝完玻璃杯裡的水。小松拿來水壺添了些大麥茶，小柴站起轉了兩圈，又乖乖趴在主人腳邊。

　　「後來，攢了些錢，他們就在郊區租間二、三十平方米的小房子。雖然房子面積小，但是小嫻十分賢慧，把小家收拾得乾乾淨淨，整整齊齊。她買來毛線，自己織了枕頭和靠背，各種顏色都有，把家佈置得很溫馨。那些日子雖然苦，但卻很幸福，每天做工時想著回家就有了無窮動力。飯桌上雖然沒有大魚大肉，卻有著妻子精心烹製過的菜肴。達喜歡吃排骨，偶爾有錢了，小嫻就買了排骨，煮排骨麵給達吃。達不吃香菜、不吃蔥，小嫻記得牢牢的，從來不會放這些達不愛吃的東西，還把所有的排骨都給達，自己只喝些排骨湯。」女孩甜蜜地笑了，故事中主人公年少時的愛戀那麼幸福，不禁感染了她。畢竟理智難敵這樣的回憶，雖幾番掙扎，也只是徒增往事的魅力而已。

　　「後來，達發現建築工地上經常有些廢棄的水泥，積少成多，賣出去就能賺錢。所以，達租了小貨車，把各個工地上的水泥趁著晚上沒人，運了出來，再一起賣出去。他又發現建築材料有利可圖，就和四五個包工頭一起做建築材料的轉賣。於是，他們的生活漸漸好轉，小嫻不再出去工作，而是在家休息做些家務，等著達下班回來。他們換了更大的房子，有寬裕的房間，有空調，有了屬於自己的洗澡間……。」

　　老闆娘換了個姿勢坐著，問道：「天這麼冷，來杯燒酒吧？」得到女孩的點頭後，讓小松從廚房溫著的酒中挑一瓶拿過來打開，小斐則端上兩盤小菜。女孩嚐了一口醃漬的海帶，誇讚道：「味道很好。」想了一下，又說：「那時，小嫻的廚藝也很好。每天晚上都熬排骨湯，煮排骨麵，達總是快速吃光，舉著空碗問還有沒有。小嫻就會笑著說，你吃太多胃會不舒服的，改舀粥給

他喝。」女孩語調放緩，輕柔的聲音戛然而止，隨即緊緊皺起了眉頭。

「幸福的日子很快過去。現實中有多少嘈雜的聲音，多少忙碌的人群。二十歲的青年，腦子裡有多少對未來的憧憬，又哪能專心於愛情？達的生意越做越大，事情越來越多，回家的時間也越來越晚。慢慢地，他習慣兩、三天回家一次，後來變成一星期才回去一次，每次回去也是倒頭大睡。小嫻從不埋怨，只是委屈的看著他，那時的達哪裡顧得了呢？他只想著多賺錢，把公司做大。從沒安慰過她，也沒聽她內心的想法。疏於溝通的感情只差最後一根稻草就會毀於一旦，那一天終於到來了。」女孩喝了一大口燒酒，緩緩開口。

「達，回家取些換洗衣物，小嫻說要跟他談談，達說很忙沒時間，改天再說吧。一向乖巧的小嫻卻朝他哭鬧，他更加不耐煩，推開她就走。小嫻攔住他，埋怨達已有一年多沒陪她一起吃過飯，沒有關心她每天在家裡做什麼。在這兒連朋友都沒有的她，一個人過了除夕，家裡冷冷清清的。達說他也很累，在外面整天工作，還要應付客戶，壓力很大，怪小嫻不體諒他。他大聲說完之後，兩個人都沉默了一會。他現在還記得那天小嫻臉上的表情，那種絕望讓他心慌，所以，達選擇逃避。他出了家門，很久都沒回過家。他覺得雙方需要冷靜，就讓自己全身心投入工作，連一通電話都沒打給小嫻。」

小松著急的問：「後來呢？」女孩輕輕的說道，「等達再回家時，小嫻已經不見了。她帶走了屬於她自己的所有的東西，只

留下了一張已經簽字的離婚協議書。達打了她的電話，卻總是關機。達去警局報了案，但是也一直沒有她的音訊。他這時才開始焦急，後悔自己的行為。而小嫻仍然杳無音訊。兩年後，達接到了一通從大陸打來的陌生電話。接通後，那端熟悉的聲音讓他心頭一顫，」女孩捧著杯子，喝了口酒。

小斐著急地問：「是小嫻嗎？」女孩說：「是小嫻，她告訴達說她回到了大陸，準備結婚了。她說她不怪達，在美好的青春年華裡遇到他，拋開所有愛一場，雙方都沒有遺憾了。」小松淚流滿面，唏噓著問：「怎麼會沒有遺憾了呢？要是當時重新來一次，達肯定不會忽略小嫻的感受，為了工作冷落了她吧？」女孩說：「我當時也是這樣問的，叔叔只是搖著頭說：『每個人心裡總會藏著一個人，這個人始終都無法被誰代替，就像一個永遠無法癒合的傷疤，無論在什麼時候，只要被提起，或者輕輕一碰，就會隱隱作痛。歲月就像一條河，左岸是無法忘卻的回憶，右岸是值得把握的青春年華，中間飛快流淌的是年輕隱隱的傷感。』」女孩悠悠地說完，捧著剛剛端上來的排骨麵喝了一口湯，感嘆著好喝，「叔叔早已娶妻生子，記憶只是用來緬懷的，不過如此而已。但是叔叔說『不變的是，排骨麵是我心頭永遠盛開的花，無可代替。』相濡以沫，不如相忘於江湖。對他們來說，這是最好的結局了吧。」

女孩低頭，靜靜吃著麵，小松和小斐內心波折不已，老闆娘感傷地嘆了口氣，小柴耷拉著腦袋，趴在地上。店內，暖黃的光芒更暗些許，一切歸於無聲。

時差十二小時

王雪菲

這是繁華的台北商業街中一個安靜的角落，蕭倍羽站在一棟頗具日式復古風的小屋門口，「我最近知道了一家很有趣的店，據說是用故事換食物哦，要不要改天一起去？」，想起好朋友葉子的話，蕭倍羽也對這樣一家店充滿好奇，看到店門口寫著「時間太短，故事太多，梧葉食單等待以故事佐酒的你」，蕭倍羽不由得想，這或許就是她今天會想來這裡的原因。

蕭倍羽推開梧葉食單的門，店內溫暖的空氣中氤氳著蜜桃烏龍的香氣，倒顯得門外的夜晚孤寂得單薄。店裡的人不算多，安靜而又簡潔的環境，讓蕭倍羽不由得對這家店產生好感，她找了個靠近吧檯的位置坐下來，想著自己一會兒要點的餐食。

「歡迎光臨，您應該是第一次來吧？」蕭倍羽點點頭，小松將一張空白的食單放在蕭倍羽面前，「只要我們會做的都可以，如果還沒想好吃什麼，可以先找我們的老闆娘聊聊哦。」「好，謝謝。」蕭倍羽輕輕地回答著，然後在食單上寫下：餛飩。小松將菜單拿走後，蕭倍羽漫無目的地環顧四周，這家店面雖然不大，但擺設卻沒有讓人感覺擁擠。蕭倍羽隱隱約約能聽到有其他客人閒聊的聲音，但卻並沒有讓店裡顯得嘈雜，反而給了此刻的蕭倍羽一絲溫暖和平靜。「就算沒有故事，以後也會常來吧。」蕭倍羽心裡想著。

一段時間後，蕭倍羽的桌上放了一碗熱騰騰的餛飩，只不過

這次的服務生不是小松，而是小松口中那位可以聊聊的老闆娘，她把餛飩推到蕭倍羽面前，「故事換食物，可以把妳的故事講給我聽嗎？任何故事都可以。」「其實，我沒有什麼故事可以講給您聽，就算有，也很難開口。」蕭倍羽顯得有點緊張，因為今天她除了從葉子那裡聽說這家店後，有好奇心外，更重要的是，她確實想找人聊一聊才會來這裡的，但是面對一個陌生人，蕭倍羽還是覺得自己太難開口了。「這樣啊，那不如先告訴我今天為甚要吃餛飩，總感覺妳好像有心事，所以才會來這裡。」老闆娘語速放慢，蕭倍羽覺得她像深夜電台的女主播，聲音聽起來很舒服，很溫柔。短暫的沉默過後，她開口說道：

「在福州的時候，我們總會一起去吃學校門口推車阿姨賣的肉燕，尤其是冬天，可以讓人感覺很溫暖，但這裡似乎沒有，所以想用餛飩代替。」

「距離真的是感情的阻礙嗎？」蕭倍羽小聲嘟噥，她的眼神中閃過一絲堅定，卻被隨即而來的失落所取代，「我，其實有個男朋友，不過最近很少聯繫了，剛來台灣的時候，我們幾乎每天都會互發消息，哪怕只是尋常問候。」蕭倍羽眼圈微微泛紅，「在一起五年，突然就不聯繫，心裡有點空空的，但這種話，恐怕沒辦法跟身邊的朋友講吧，這就是我今天來的目的。」

老闆娘從蕭倍羽的話中得知，她男朋友叫關澤，從高二到讀同一所大學，再到現在，兩個人在一起五年的時間。在蕭倍羽做交換生來台灣的時候，關澤獲得了去加拿大留學的機會。蕭倍羽喜歡在旅行時，寄台灣的明信片給關澤，兩個人經常通過網絡

講述自己到不同地方讀書的日常生活。直到最近一段時間，關澤卻很少出現在她的生活中，每次發訊息不是聊幾句就因沒有話題而結束，就是關澤說自己很忙，然後對話框就再也沒有出現新的消息。蕭倍羽害怕兩年的異地大學之旅，跨越十三個時區，時差十二個小時，會使兩個人的關係就此變淡，她，很迷茫。

「或許是真的比較忙吧，我也不想因為這種事情跟他吵架，好像我是個多麼不善解人意的女孩子。」蕭倍羽這樣對老闆娘說道。

「妳現在已經不主動聯繫他了嗎？」

「只是很少互發消息，而且來台灣之後作息時間跟大陸有很大不同，學業也比較緊張，我怕距離和時間會影響他的生活。」

「這是妳的理由？我個人認為妳是在逃避問題。逃避和害怕，是不會解決妳的疑慮的，妳有沒有想過，只是自己不想接受可能會分手的現實罷了。」蕭倍羽沒想到老闆娘會這麼直接的說出自己的想法，一時語塞，只能安靜地點點頭。

「感情是需要維繫的。每個人都在成長中去融入環境，認識新的朋友。認識的人太多，他們就會選擇忘記曾經在一起的那些人。妳想想自己童年的玩伴，如果別人不聯繫的話，妳還會主動去維繫彼此之間的友情嗎？妳若不想放棄這段感情，不如主動一點、問清楚他的想法，」老闆娘很溫柔地看著蕭倍羽，「我講再多都沒用，感情是你們兩個人的事，自己想清楚就好。」

蕭倍羽覺得老闆娘說的或許沒錯，自己也明白了，一直以

來，她都是在接受關澤的關心，而每當面對挫折，也總是在逃避，不敢勇敢地面對問題。

　　寒冷冬日裡的一碗餛飩不僅僅溫暖了蕭倍羽的胃，看著離開座位的老闆娘的背影，蕭倍羽的心也是暖的。「關澤，最近忙嗎？下個假期，我去加拿大找你吧，如果你有時間的話……」她的手機螢幕亮起，上面顯示這這樣一條消息。

　　在繁華轉角的小巷，夜晚彌漫著不可名狀的寂靜，梧葉食單的招牌透著暖黃色的光，靜靜等待著下一個食客。

四十攝氏度

姚鵬

雨後的台北街頭，瀰漫著濕漉漉的空氣。小姚看完電影走出電影院，掏出手機一看已經八點，突然想起自己還沒有吃晚飯，便走進一家名叫「梧葉食單」的餐廳。他推開店門，選擇了一個空位坐下。

這時，餐廳老闆娘拿著一份空白菜單，走到小姚面前，溫柔地對著他說：「先生，您好！現在本店推出一款活動：客人以故事作為交換，本店即可免費提供特別定製餐點，請問先生可以接受嗎？」

小姚思索了一會兒，便接受了老闆娘的要求。一張空白的菜單靜靜地躺在桌子上，在暗黃燈光的掩映下顯得格外神祕。老闆娘與小姚並排坐在餐檯旁，老闆娘看著眼前的這位客人，十分耐心地說：「先生，最近是否有心事？能否說來聽聽，或許我能給你正向樂觀的答案。」

事實上，小姚心裡還是有些顧慮的，對一個陌生人吐露心聲需要很大的勇氣。老闆娘似乎看出了小姚的顧慮，便先向他說了自己的一個故事：「我來自一個單親家庭，上學的時候經常被同班同學嘲笑，也曾一度消沉。但長大後逐漸明白，那些不愉快的記憶都將會過去。所以啊，我開了『梧葉食單』這家店，想透過心靈溝通的方式讓客人感受到家一般的溫暖。所以，先生，您有什麼心裡話都可以和我說，我絕對幫你保守祕密。」

在一旁收拾餐桌的女服務生小松微笑地對著小姚說：「先生，您大可放心和我們老闆娘說，有什麼心事說出來就好啦。」老闆娘看了小松一眼，小松便消停了，將收拾好的餐具端回廚房。

餐廳裡縈繞著悠閒舒緩的輕音樂，像一股無形的力量攻破了小姚內心的防線。小姚向老闆娘點了一杯威士卡，喝了一口，才慢慢把心事說出來：「我的心裡住著一個人，那個人就像是我遙不可及的夢。雖然我們的生活沒有太多的交集，但我心裡一直默默地喜歡她。我一直把她當作我不斷前進的動力，鞭策我朝更優秀的方向努力。前陣子的晚上，因為喝了太多酒，已經有些微醉了……」

老闆娘表露出驚訝的表情，好奇地問：「那您後來發生了什麼嗎？」

小姚端起酒杯，喝了半口威士卡，深深吸了口氣。回想起11月7日晚上的那一幕，小姚的腦子裡是一片混亂的。那些殘缺的記憶很多都是後來在場的同學告訴他，慢慢拼湊起一段模糊的回憶。

小姚一一向老闆娘說明。「所謂『酒後吐真言』，喝醉後，我把藏在心裡的祕密說了出來，在場的同學大為震驚。我從來沒有想過這個祕密會讓別人知道，結果第二天……」接著，小姚又喝了一口威士卡，這時酒意已經沖淡了內心的拘謹，鼓起勇氣把故事原原本本地和老闆娘一吐為快。

這時小松端來一碗茶水，小姚輕輕地喝了一口。「第二天班上就有部分人開始議論那天晚上的事情，過了沒多久班上的同學

幾乎知道了，心裡的祕密過了一夜成為了人盡皆知的話題。那幾天我表面強裝什麼事情都沒有發生過，但內心波濤洶湧。」

老闆娘拍了拍小姚的肩膀，笑著說：「沒事啦，每個人都會有這樣的過程啊，喜歡一個人是好事，至少證明你有去愛的能力。但是作為一名男人，要對自己說過的話、做過的事負責。既然有些話都已經說出來了，為何不試著去接受這個現實呢？讓大家知道自己內心的想法也未嘗不是一件好事。」

小姚是一位自尊心強、內心驕傲的獅子座男生，獅子座的一切缺點他毫無保留地在他身上得以體現。小姚便反駁道：「可是有些事情就是不想讓別人知道，那位女生要是不喜歡我豈不是非常尷尬嗎？」

老闆娘似乎看出了點什麼，世界上任何一個物種都有愛與被愛的權利，但有些時候，總會缺少點愛與被愛的勇氣。老闆娘笑了笑，只對著小姚說了一句話：「年輕人千萬不要怕被拒絕，有些事情一定要勇敢去嘗試，不然等自己老了會後悔。」說完，老闆娘便在空白菜單上寫下「情不知所起，一往情深」一行字，小姚看著菜單甚是疑惑，老闆娘解釋道：「剛剛聽了先生的故事，我們將會特別為您訂製一份餐點，取名為『情不知所起，一往情深』，先生請您稍等一下，謝謝。」

廚房裡傳來廚師烹飪的聲音，嫻熟地操作著各類器具。當女服務生小松端著一盤精美的餐點來到小姚面前時，微笑著對著他說：「先生，這是特意為你訂製的餐點，請慢用。」這時，從門外跑回來一隻柴犬，小松蹲下身子一把抱起呆萌的柴犬，活潑好

動的小柴並不安分，在小松的懷裡掙扎著。

　　小姚開始享用這份獨特的餐點，老闆娘走到餐檯前，對著他說：「先生，您有沒有覺得這份餐點有些不一樣呢？」

　　「的確是不一樣，我隱約感覺到紅酒香味瀰漫在料理中，並且料理中的刺身沒有添加任何調料，發揮了食材的天然原味。」小姚回答道。

　　「先生，您回答得很棒喔。那您有沒有感受到這份料理帶給你一種朦朧的回味呢？」老闆娘期待地看著小姚，非常想知道他內心的答案。

　　「真的耶，白米飯在入口時絲滑香甜，咀嚼時就會有一股紅酒的香味湧上來，彷彿美好的回憶在腦海中飄蕩著。」小姚輕輕搖晃著酒杯，抿了一口威士卡。

　　老闆娘起身從背後的調酒檯上拿出一瓶紅酒，對小姚說：「先生，剛剛您享用的料理是由我們主廚精心設計的，顆粒飽滿的米飯在紅酒蒸汽的薰染下，就會變得醇香濃郁，而且富有嚼勁。」說完，老闆娘拿出一個高腳杯，從酒瓶倒出半杯紅酒，輕搖著酒杯，您可以聞一下這杯紅酒的香味，是不是和料理的酒香很像？」

　　「是的，這份料理是利用這種紅酒的蒸汽才變得如此令人回味的嗎？」小姚有些不解，疑惑地看著老闆娘。

　　「正是如此，紅酒和空氣中的氧接觸，從而使酒香釋放出來。在製作料理的過程中，同樣是將紅酒進行隔水加熱微煮至攝

氏 40 度，紅酒就會產生蒸汽。在這種狀態下，紅酒將會釋放它的酒香，香味就會慢慢滲入料理和米飯中。」老闆娘解釋道。

小姚領悟到了其中的奧妙，心中的顧慮和壓抑瞬間解開了。原來，老闆娘透過一盤特色料理是在給他傳達一個道理：人生就像一杯紅酒，如果你不主動去嘗試，你永遠發現不了生活的美。就像對待感情，如果你未曾踏出第一步，就永遠只能畏畏縮縮將情感藏在心裡。

小姚走出「梧葉食單」，他的心豁然開朗。但沒有人知道小姚之後會如何選擇：是勇敢追求自己喜歡的女生，或是將這份喜歡永遠藏在心裡最終石沉大海，誰也不會知道。可是他明白，感情不是簡單地兩個個體的組合，而是互相磨合、互相陪伴下雙方心靈的融合。未來究竟會怎樣，一切都在默默地進行著……

少女伊卡洛斯

徐紫桐

「請問有什麼可以吃的嗎？」

「我們這裡沒有菜單，只要你點的，我們會做的都可以，或是你可以用故事來換免費的料理，我們會依照故事的內容為你製定料理。」

人生哪有那麼多故事，還不是一日日活著就精疲力竭。千留對自己莽撞的走入這間店而感到了後悔。

「客人沒有故事嗎？」面前的老闆娘見千留不回話，又追問了一句。千留只是為難的笑了笑，心裡卻在忍不住想去猜測她這樣迫切探尋客人私生活的用意。

「那這樣吧，我為客人上一道菜，也許客人吃完以後，就會有些什麼能對我說了。」

老闆娘大概是感受到了千留的慌張和尷尬，說了這句話後就轉身在吧檯後面忙碌了起來。

千留無所事事地環顧四周，店裡的大部分陳設都是木頭所做，燈光也不像普通的餐廳那麼明亮，但意外的卻是一間看起來不錯的餐廳。千留內心想著，她寧願去坐在有點邊遢的拉麵店裡面對著牆壁的單人位置，因為和別人交談讓她感到不自在。

「客人的餐點，請慢用。」

　　越過吧檯，老闆娘把一個木頭小碗放在了千留面前，裡面是五顆水餃。

　　五顆水餃整齊的圍成了一個圈，碗底有一點醬油色的湯汁，餃子上面淋了些辣油，還撒了芝麻，嬝嬝上升的熱氣中，是辣油和芝麻的香味，還稍微有些酸氣，可能是那湯汁裡稀釋了餃子用的蘸醋吧。

　　千留被這碗水餃所驚豔，迫不及待的用筷子夾起放入嘴裡。

　　咬下去只感受到好味，確實是很有功底的做法，內餡是羊肉白菜，咬開就能感受到羊肉的鮮美和微微的膻味，冬天吃起來分外暖和。

　　千留知道老闆娘現在用手肘撐住吧檯，把手架在下巴下面看著她的反應。也許她該抬起頭來說出一句好吃，然後再接著這話題和老闆娘談開來。但她光是想想要開口，整顆心就慌張的像是失重。

　　「很……很好吃的。」吃完兩顆水餃，好像心情也有些平復下來，千留抬起頭，對老闆娘說道。

　　「那我可以聽一聽妳的故事了嗎？比如……妳在偷拍誰呢？」

　　千留錯愕的抬起頭，像一隻受驚的兔子，手上的筷子也啪的掉在了桌上。

　　千留在十六歲的時候就清楚的知道，她只是個普通人。

　　她身邊優秀的人太多了，那些平時看起來普普通通的少男少女們，在成績榜單上總是名列前茅，而她卻是像個小尾巴一樣拖在最後面。漸漸地好像不僅是成績，性格也好、人緣也好，千留整個人都像是茶葉渣一樣沉到了最低。靠著賣傻和諂媚交了幾個不鹹不淡的朋友，勉強離開了那個重點高中重點班，讀了不上不下的大學，選了無所事事的專業，就像個玻璃渣一樣把自己深深的嵌進了「普通人」的石膏像裡去。

　　千留一直以為可以這樣隨波逐流，不會感到痛楚也不會失落地墜落下去。

　　直到她遇見了那個人。

　　「妳知道嗎？那個人像太陽、像月亮、像滿天繁星。」

　　千留臉頰紅通通的，好像吃餃子吃醉了一樣。

　　「她站在那裡，就是像月亮，明明不會發光，卻總有光芒；她笑起來，就是漫天繁星閃爍，讓你的眼裡根本看不見其他任何東西。」

　　「但是她是太陽啊，靠得太近，就會灰飛煙滅。」

　　「而我就是神話裡的伊卡洛斯。」

　　「我的翅膀是假的，是蠟做的，但是我卻只看著太陽忘了形。所以總有一天會被太陽融化，然後摔進深深的大海裡。」

　　千留是在公司裡第一次遇見她的。

　　千留很順利的按照她的目標，成為了一個「大公司的小職

員」，在台北一家比較大的時尚雜誌做了個小小的編輯，負責著一個不是那麼重要的欄目，有時也幫大編輯們打打雜，工資還算可以。偶爾也會見到一些比較大牌的明星，但對千留來說，這些於她並無吸引力。

有天主編讓她跟著前輩去採訪封面人物「泡泡糖音樂偶像——雅子」，等待正在拍攝封面人物，她無聊地抱著筆電在會客室裡。

會客室的門打開了，她的太陽進來了。

「現在讓我回憶初見面嗎？哈哈，我沒什麼印象了呢！人直視太陽看到的只有一片雪白吧。」

千留沒想到自己居然和雅子就漸漸成為了朋友。

千留也沒想到這世界上居然有天生的偶像。

在千留心裡，雅子永遠都閃閃發光。她看起來高高瘦瘦的，卻是實實在在的好身材。笑起來像滿天繁星一樣閃爍，一開口說話就像春風吹過花海。哪怕是素顏喝醉滿臉緋紅，也讓人感覺不到一點墮落。雅子明明不是所謂的「美女」，但她就是「偶像」，有著令人心動的魔法。

是千留一輩子都做不到的人生。

「這麼可愛的人，要是我就好了。」

千留和雅子頻繁的見面。千留喜歡看雅子吃甜品的樣子，她吃東西時會先伸出舌頭，甜甜的奶油融化在嘴巴裡的時候會忍不

住發笑，於是千留花了自己幾乎一半的薪水來請雅子吃蛋糕。有時候千留也會用新買的漫畫和迪士尼電影光碟將雅子邀去自己的家裡，在她的飲料裡摻一點點藥物，讓她睡眼朦朧的跟自己撒嬌說不想趕捷運末班車，要留宿，然後千留會用整個晚上的時間來觀察雅子的睡顏，怎麼都看不夠。

「我是個變態吧，老闆娘。」

「她的樣子就像是我的對立面，她的一切都和我完全相反。」

「但我想成為像她那樣的女孩子，我也想閃閃發光，也想被人愛。」

千留想起雅子給她看的那些粉絲寄來的信。

「剛剛我送她回家，送到路口就不顧她的撒嬌跟她說拜拜，然後在後面悄悄跟著，把相機藏在皮包裡，拍她走路的背影。」

千留那個有點舊舊的皮包，側面開了一個圓圓的小洞，裡面是黑乎乎的相機的眼睛。

千留夾起了最後一顆水餃。

「不能成為她，那就佔有她；不能佔有她，那毀了她怎麼樣？」

她咬下去了最後一口，滿嘴酸澀。

那顆餃子裡，包著的不是普通的餡料，而是一顆桑葚。

「你其實妳也很漂亮呢，客人。」

老闆娘看到千留突然吃到桑葚而皺起眉頭，終於開口說話。

「也許妳應該對著鏡子好好看看自己。」

「不是數自己臉上有幾顆痣，也不是去量自己的臉比少女偶像大了幾公分。」

「妳應該對著鏡子裡的自己笑一笑，就知道也許妳不需要去從少女偶像那裡找什麼慰藉了。」

「妳不是伊卡洛斯，她也不是太陽。」

「妳們應該是一對雙子星。」

「客人，客人」感覺有一雙手在搖晃千留的肩頭，千留猛然醒了過來。

迎面而來的是老闆娘溫柔的臉。

「我說了什麼嗎？」千留恍恍惚惚記得自己一股腦兒的說了許多話。

「客人跟我說，自己一直想當小說家，就和我說起了正在寫的小說內容，真是有趣啊。我也完全沉迷進那個故事裡去了，一直為您倒酒，沒想到客人就睡著了，」老闆娘抱歉的笑了，「不過還好，就只有三十分鐘而已。」

「謝謝您，那麼我該走了。我還約了好友8點在西門町見面。」千留很不好意思的向老闆娘道謝。

「妳還是大學生呀，就能想到那麼有趣的故事嗎？」

「就算是大學生，也都二十歲啦。」好像難得被這樣誇獎，

千留臉頰泛紅的低下了頭，輕輕的說：「謝謝招待」。

「謝謝，歡迎下次光臨。」

老闆娘微笑著目送千留離開。

千留還是背著那個舊舊的皮包，在路燈下，側邊悄悄的反了一下光。

女孩子的心裡，究竟有多少祕密呢？

不要輕易的相信哦。

凍頂烏龍

生活如茶，回甘綿長

橙紅色的番茄湯

齊心悅

在捷運上搖來搖去的時候，我不停地想，這座城市會不會把人趕走呢？

十二點剛過，送走最後一位客人的老闆娘和主廚如往常般無言地各自整理，店裡除了緩慢流動的音樂及器物相碰的響動外，再無聲響。

梧葉食單所在的巷弄並不位於極繁華的地方，距離捷運站還要再走上一段路，白天並不顯目，很容易以為是住家，常讓特地來尋的食客找不著地方。梧葉食單在深夜裡的黃黃燈光跟白天的景色完全不同，它呈現出日式溫馨的感覺，吸引著行人的目光，深夜之後只為熟客而開。

入口處傳來輕輕推門的聲音，像是試探是否上鎖，輕輕的地搖了兩次，接著門被拉開；讓木門發出呀啦啦啦溫和響聲的人，臉孔仍在暖簾後面，只能看見淺灰綠的條紋寬褲，露著腳踝，下邊是黑色鼻緒的木屐，再往上是寬袖的，像是羽織的黑色外套。

「我們正好要打烊！」

老闆娘似是認出了來人，本來看向門口的目光又收回到手上的一疊紙頁，一面說話，一面把這些紙片分類。

「可是，我想吃東西啊！還要酒！」

他直接在吧檯坐下。

「那你問問大叔他願意加個班嗎？沒有加班費哦！」老闆娘說完，大叔伸出腦袋，看見座位上雙手合十舉過頭頂的客人，嘿地笑出來。

「都是些剩下的蔬菜而已，想吃什麼就寫寫看。」

「我想要番茄湯，裡面有洋蔥和蒜末──濃一點。」

大叔輕快地答應一聲。

「我想，今天我大約沒有什麼故事可說。」谷川這樣開口。「在捷運上搖來搖去的時候，我不停地想，這座城市會不會把人趕走呢？」

老闆娘倒了杯水，在旁邊的座位坐下。對這句又像疑問，又像感嘆的話，不作回答，只是坐在旁邊，似是鼓勵她繼續下去。

「101大樓的燈光，到了晚上就很容易看到，對吧？在高雄的夢時代，雖然摩天輪車廂有點醜，但坐著它到了頂點，就能看到整個金色城市的全貌，接近地面之後還能看到地上的人們眼裡的光。我其實有時候會懼怕這樣的景色──巨大而美麗的城市建築。它們在繁華的城市中都這樣出挑地站著，在夜色裡都這樣自得地接受所有人的仰慕，不覺得很厲害嗎？」

「我不知道該把它們定義為美夢還是噩夢，在無限接近它們的時候，我似乎也無限接近這個城市的心臟，似乎能夠在靜謐的高處聽見世間鼎沸的血流，但離開以後，我心裡只有中川雅也在東京鐵塔下翻找垃圾的模樣。」

說到這裡，谷川停下，把手邊的白開水微微向前推，以示不

需要。

「可以給我威士卡加冰塊？」

廚房「沙拉、沙拉」的炒菜聲停止了，大叔把用橄欖油炒過的番茄和洋蔥加些許高湯放入帕瑪森起士塊，加蓋燉煮。從廚房拿出冰盒，威士卡的微黃酒液晃過冰塊四散的光點，玻璃杯因為冰塊而在外層結出水汽，凝成水珠，落下。

「這個城市裡，我們的容身之處為何呢？瞳孔或是鼓膜，它們接收到的訊息，是這生活洪流裡紛雜的東西，那麼龐大、那麼豐饒，但我們真正需要的是什麼，我們又要往哪裡去呢？」

谷川喝完大半杯威士卡，足夠冰涼的酒液在昏暗燈光下有美妙的魔法。老闆娘雙手環著自己的水杯，裡邊傳來攪拌機的聲響，番茄湯的製作大約已經進入了尾聲。

「人大約只有生活過得太無趣，才會有這樣的想法吧。」

似乎有些清醒過來的谷川沒有看老闆娘的表情，將剩下的酒喝完，杯中圓形的冰塊本因太過巨大而無法晃動，現在略微縮小了一些，可以被搖動了。他就這樣搖動酒杯，讓冰球轉動。

「你的，奶油番茄湯。」大叔端上來的是綴有香草碎末的橙紅色番茄湯，並收回了喝完的酒杯。「嚐嚐怎樣。」

「蒜雖然不見影子，但味道並沒有消失，被番茄和洋蔥好好地調和以後，味道變得很溫暖了。」谷川嚐過一口，緊接著又是一口。「奶油比牛奶更厚重，這份湯真適合秋冬啊。謝謝大叔。」

大叔又進了廚房，老闆娘在此時開口。

「你知道為什麼我們要開一家這樣的店鋪嗎？

城市，就像你說的，確實很容易讓人失去真實感，是讓人一邊恐懼著一邊拼命地想要留下的地方。但也正因為它這樣廣闊，我們才更容易找到容身之所，不是嗎？這間店鋪的意義，就是給予我們和所有想要尋找容身之所的靈魂一個歸宿。在一日的十幾小時裡，我們聽著你們的故事，大約像是低空裡的俯瞰者吧？」

大叔在谷川面前放上一支高腳杯，加冰再倒上酒，是散發清爽甜味的白葡萄酒。然後，他難得地開口。

「這家店很小吧？只有幾個位置，但卻能每天聽著你們這麼多人的故事。」

「因為身處在這樣大的，這樣有無限意義的地方，我們自己的意義就變得渺小了。只要融入城市之中，我們可以縮小成一個小點，也可以擴大到足以承載你們這麼多人的巨大。」

看起來有精神的谷川，放鬆地嘆了一口氣。

橙紅色的番茄湯，漸漸地將要喝完了。谷川的內心裡也重新燃起生命力與行走的勇氣。

茶泡飯之味

黃詩娜

　　天氣漸漸涼了，天黑得越來越早，在台北閒逛了一天的娜子走進梧葉食單，對老闆娘笑著點了一下頭，這是她來到台灣後養成的習慣，抱著小柴的老闆娘微笑對娜子說「歡迎」。娜子在桌旁坐下，點了杯梅子清酒，發現了桌旁「故事換物」的空白菜單，或許是做為交換生來台灣研讀的娜子生活拮据想要省下一頓飯錢，也或許是想要跟店裡的所有人分享一個大陸交換生在台的所聞所見。於是娜子在空白的菜單上寫下「茶泡飯」。阿裴歪著小腦袋看著空白菜單上的三個字，嘴裡小聲的嘟嚷著。

　　「茶泡飯，誒，大叔的茶泡飯確實做得不錯，這可是我們店裡的招牌菜之一哦！你真是行家，第一次來就知道點這道菜，我很好奇茶泡飯裡泡的到底是什麼故事啊？」

　　小松也湊過來。

　　「或許說不上是個故事，」其實娜子也不知道茶泡飯跟要分享的事有什麼關係，她只是聽說了梧葉食單的大叔做的茶泡飯很好吃，單純的想來嚐一嚐。

　　「那還是得告訴我們什麼事哦。」小松點著頭說。

　　「我想妳得先跟我說說那件不算是故事的事」，始終沉默地收拾廚房的大叔停下手邊的事情望著我說，「我才能知道，要做一個怎樣的茶泡飯。」

「那我先猜猜關於什麼？」老闆娘邊拍著睡意朦朧的小柴走過來。

「戀愛 ing ？」

「不是。」

「失戀了？」

「也不是。」

「關於朋友？」

「不對。」

「那就是關於家人了。」

「好像也不是。」

「那就講個大一些的，關於人生的。」

「每天的柴米油鹽醬醋茶，雞毛蒜皮大小事，偶爾矯情的風花雪月，內心洶湧澎湃的思緒，還有哪件事不是可以跟人生扯上的事。」阿裴傲嬌的說。

「對對對，你說什麼都對，說什麼都是我們梧葉食單的最佳美少男。你說是不是呢？小柴。」老闆娘摸著小柴說。

「這還用說？」

「是，梧葉食單最佳美少男」小松笑著應他。

大叔也笑著點了點頭。

小松轉向娜子「好啦，那妳要說件什麼事呢？」

「今天我一個人在台北閒逛了一天。今天是來到台灣的第 100 天，也是離家最久的一次。我在淡江大學讀書，住在淡水，淡水是龍應台先生筆下的淡水，是周杰倫年少讀書的地方，很久以前我就想著有一天也能走過葉湘倫和路小雨躲雨的屋簷，看看盧廣仲《魚仔》裡的魚兒與夕陽，那如果想要去的地方到達了，想要做的事情做到了，一定是一個很幸運的人！我想我就是的。」

「好棒哦，妳從大陸來啊，聽說上海迪士尼很好玩，不過我表哥說上海迪士尼人很多，我在網路上看到大陸還有一座很好看的圖書館是不是？還有大陸這麼大，妳們要怎麼從一個地方到另一個地方啊？」小松一股腦兒地向我這個大陸來的人拋出了好幾個問題。

「嘿嘿，現在交通很是便利了。」

「妳是交換生哦，這麼棒，那妳覺得台灣怎麼樣呢？」

「台灣很好啊。」

「妳還習慣嗎？」

「都很好啊，我很喜歡台灣，喜歡這個慢慢、慵懶、隨和、平靜、溫柔的地方。這裡超商裡的食品都很貼心的標註好各個營養指標和熱量指標，我可以做個養生營養小達人了；公車上會有愛心座位，專為身心障礙人士開通的無障礙通道、愛心場所更是隨處可見；嚴格的垃圾分類，雖然麻煩卻很是高效果與環保；還有就是台灣的小資生活啦。子裡的樹上掛上晴天娃娃，和三五好

友坐在街頭喝咖啡，聖誕節還沒到各大超商就已經擺出各種聖誕禮物和聖誕飾品，麥當勞更是早早為食物換上了聖誕裝。這些都是我喜歡的台灣，都是它的好。」

「嘿，是嗎？我都沒怎麼注意到？」

「因為我第一次來啊，都很好奇，所以會仔細看。」

「當然台灣可愛的應該是台灣人了，你們似乎每天都在想著怎麼把日子過得有滋味，比如今天起去哪兒玩，哪一家點更好吃，如何把故宮裡的『朕知道了』做成各種書籤或膠帶，怎麼把『翡翠白菜』做成各種玩意兒……。」

「愛話仙的阿公，善意且不是年輕的心阿嬤，用心過日子的大叔，外向開朗的同齡人。往學校上的早餐店大叔會笑著跟我『今天要加油哦』、『早餐有沒有吃飽飽』；吃飯時坐同桌的大叔會主動搭訕『唉，這家不夠好吃，上面那家更好吃一些，把韭菜塞進去味道會更特別哦』；菜市場遇見賣水果的大叔會嚷嚷道『誒，原來是美女哦，吃了我們家的水果會更美哦』；健身房裡一起做瑜伽的阿嬤會提醒你要多喝水；雜貨鋪的阿姨會跟你說『天氣冷了，要多穿衣服哦。』、『你的鞋子真好看，一定很多人這樣說過是不是？』台灣人從來不吝嗇對別人的誇獎與關心。當然還有主動跟你介紹台灣、主動幫你拍照的路人；禮貌地對你說『謝謝』的服務員；棒球賽上帶著我亂跳的哥哥、姊姊；還有坐在街頭喝咖啡談笑風生的爺爺奶奶……這都是可愛的台灣人了。」

「是啊，拜媽祖也拜關帝爺，拜菩薩也拜土地公的人能不包

容不熱情嗎？」

「但台灣人也很慵懶，假期想好好出去吃飯，卻總遇上店家公休，有些店只做早午餐，有些店卻只做晚餐，我真是有些不習慣。可所謂的慵懶，卻是認真過生活的姿態。」

大家點點頭，說：「謝謝你喜歡台灣。」

「三毛說『生命過程中，無論是陽春白雪，青菜豆腐，我都得嚐一嚐是什麼滋味，才不枉來這走這麼一遭！』所以，很高興自己來到台灣，與台灣有這樣一個遇見，那接下來我便是要去看看台灣的大街小巷，人生百態，夜色後的萬家燈火輝煌。」

「嗯，我知道要做什麼料理了」一旁的大叔點了點頭，開始準備料理。

娜子繼續和小松、阿裴還有抱著小柴的老闆娘歡談。

……

「這個茶泡飯叫做『經歷』」。

娜子舀了一勺茶泡飯，青心烏龍的茶香飄滿了屋子……。

吃過茶泡飯，和大家告別。

回來的路上，冷風依舊陣陣，但茶泡飯帶來的陣陣暖意裏住娜子的心頭。又一天過去了，但還會有明天。娜子想起阿信說，「過去回不去，未來要更努力」。而在台灣所遇見的人與事所付出的努力也許都會發酵，醞釀出迷人的香味，就像這一碗茶泡飯，茶的醇香滲入米粒，醞出其特有的味道。

張鎣的彩虹豆

張鎣

　　張鎣走進店裡，挑了個角落坐下，點了杯可口可樂，然後一句話都沒再說，她盯著右前方的地板，就再也沒有動作了，這和店內的氣氛格格不入。老闆娘走過去坐在對面，成功吸引了張鎣的視線。說實話，那無神空洞的眼神是老闆娘不熟悉的，是從來沒有在張鎣眼睛裡看到過的落寞。老闆娘把可樂往前推了推，「不好意思哦，今天的可口可樂沒有妳要的罐裝。」張鎣此時才低頭看了眼她點的可樂，哦了一聲就繼續沉默。

　　老闆娘嘗試打開話匣子失敗，但是她沒有放棄，繼續發力。「我們店裡今天做了河南燴麵，妳要來一份嗎？」張鎣的情緒終於有了波動，深呼吸後她總算擠出一個牽強的微笑，告訴老闆娘來一碗羊肉的。她看向老闆娘的眼神寫著感謝，家鄉的美味對於此刻的她來說是莫大的安慰，呲溜呲溜吃完了這碗熱氣騰騰的羊肉燴麵，甚至於把臉都埋進了碗裡，將湯湯水水全部灌進肚子裡。肚子熱了，心也暖了。她看著一直都在的老闆娘，終於開了口。

　　「其實，我不知道在台灣的這段經歷對我來說是好是壞，但是對我的影響太大了！我一直都想要去美國讀書，可是這次交換的學習和生活經歷，讓我不禁對於我的決定有了一絲絲的不確信。在這裡生活的各方面都有著不同於家裡的感覺。最明顯的一點是，來到了傳說中的美食天堂，我卻找不到一個自己喜歡吃

的，對於吃貨張鎣來說，沒有美食的日子簡直是行屍走肉般的存在。可能你聽起來，會覺得我嬌氣，但美食對於我來說真的意味著太多了！」老闆娘笑了笑，「以後可以走到哪裡就把妳家鄉的美食帶到哪裡啊！開個連鎖的河南美食……」話沒說完，張鎣和老闆娘就都笑了起來。這句玩笑話，卻在張鎣的心裡紮了根，成為以後「黃河之水」企業創辦的宗旨，當然，這是後話了。

「那說說吧，妳今天突然這麼失常該不會是因為突然頓悟了人生？」老闆娘終於開始切入正題。「唉，這些感悟是一直都有的，但是今天情緒的觸發點是我參加的 GMAT（研究生管理科入學考試）考試。別提了，我考完在電腦上看到分數的時候都是懵的，我從來沒有在英語考試上摔這麼大跟斗。現在還沒緩和過。我突然對於自己的能力不是那麼確信了，或者說是對於自己即將用盡的好運感到恐慌？哈哈，我也不知道了。」張鎣看似輕鬆地道出。

「好了，謝謝你的麵和可樂。我要回去了，明天還有早課。」張鎣和老闆娘道謝後，很久一段時間內都沒出現在店裡。

張鎣頓悟了，為什麼呢？因為她在網路上看到的一首詩。

回到地面　朵朵／五歲

要是笑過了頭

你就會飛到天上去

要想回到地面

你必須做一件傷心事

　　對，就是一首五歲小孩子的詩，卻讓她有了種不可思議的奇妙感覺，這首詩簡直戳中了她的心啊。可能每個人的經歷都是笑過頭──回到地面──再笑過頭──再掉下去⋯⋯就這樣一個迴圈。仔細回頭看看最近在台灣的生活，可以說是絲毫找不到重心。可能是突然來到這裡還沒有完全適應，但是消費水準卻是勿勿往上升。流連在商場裡的張鋆確實是迷失了自己，無所適從。此外就是，突然到了一個思想放飛的氣氛裡，好像人生突然出現了多種可能性。她前幾天去看了《神力女超人的祕密》，本來只是以為這個電影是和她喜歡的 WONDER WOMAN 有關的，但是卻誤打誤撞看了一部對兩性關係有著深刻檢討的電影。

　　電影講了創作 WONDER WOMAN 的教授馬斯頓和他的妻子，以及他們的女學生之間，不容於世的三角生活帶給他的創作靈感。這不是簡簡單單的三角戀，而是三個人之間的彼此愛慕。每個人都同時愛著另外兩個人，這樣的生活橋段她只在伍迪艾倫的《午夜巴賽隆納》裡看到過，但是在那裡，這種不正常的關係很快走到了盡頭。這部電影中，三人之間的關係卻是何其融洽。馬斯頓教授還創作了一個非常有趣的 DISC 理論，DOMINANCE(支配)、INFLUENCE（影響）、STEADY（穩健）、COMPLIANCE（服從）。在電影裡，主要是利用兩性關係來詮釋這個理論。馬斯頓教授在塑造 WONDER WOMAN 的故事裡，多次利用捆綁、懲罰等行為色彩濃鬱的手段來展開故事，這遭到了當時美國的道德委員會的反對，並且一度禁止 WONDER WOMAN 這一女權主義英雄形象的發展。

　　這部電影給張鋆帶來很多的思考，最震撼的一點就是張鋆從

未在以前的生活中接觸過這麼多的非主流思想的薰陶。台灣的魅力不僅僅在於它的自然風景，更在於這些自由的思想氛圍。它提供了多種可能性，比如前一段時間的「彩虹遊行」，雖然她因為人群恐懼症並沒有參加，錯過了街上無所畏懼的彩虹大軍，但是卻在地鐵站看到了很多標新立異的「彩虹人士」。喜歡這樣的生活，這樣充滿熱情的生活，充滿希望的活著的人。這群人就像當時爭取黑人權利的人、像爭取男女平權的人、像以後那群義無反顧創造美好生活的人。

但是張鋈在這裡並沒有交到朋友，更讓她失望的是，自己忽然確實感到了距離的重量。來到這裡之後，有時自己要面對的挑戰和之後的失落，此時是需要朋友的時刻。當她和往常一樣用手機和最好的朋友聯繫的時候，卻確確實實地感到了這種距離帶來的無力感。總有某個時刻，讓人深切感受到電子的虛擬關懷給自己一種對方很遙遠、對方幫不到自己的鐵的事實。物理存在真的意義重大，難怪很多異地戀都撐不下去。但是張鋈很清醒，因為朋友是她人生中的光明，是她無法割捨的存在。但是她心裡充滿了不安，因為她不知前方的路還橫著怎樣的考驗，又會有怎樣的結局呢？

杯中月

黃曉鎣

天漸漸暗下，淡水又下起了雨。

「該死，怎麼又下雨了。」胡一粥從公車上跳下來，迅速竄進捷運站裡的通道，還好已經到捷運站了，出了淡水就不會有雨了。我覺得，淡水可能有一朵自己的雲，專門下雨，胡一粥在心裡嘀咕道。

在捷運上搖搖晃晃，胡一粥帶著耳機，循環放著《沉默是金》。

沒有目的、也沒有計劃，胡一粥想要放浪自己於形骸之外，悠游於街道之中，或許心情好，便走進一家店。

「MIND THE GAP，滴～滴～滴～滴～」，胡一粥忽然起身穿過匆匆來往的乘客，搭上了電梯。

傳送帶轉動著，帶著乘客們漸漸從地下探出了腦袋。現在已經是 12 月，四處的街道被繽紛的燈飾裝點，聖誕的前奏已經穿梭在城市的街道當中。

「呼，還是有點涼。」忽然的一陣寒風，讓胡一粥打了一個哆嗦。胡一粥戴著耳機，音量調到 50%，音樂一半，耳機外的聲音一半，再把雙手插在口袋裡，戴起帽子，彷彿一個人就已經是全世界。

台北的街道不是很寬，和福建有點相似，每個巷弄都有一點

獨特的味道。

忽然，胡一粥在拐角處停下了腳步。「梧葉食單」，一間日式老建築在小巷中獨立一格，不妨走進去瞧瞧。

叮鈴鈴，門被拉開，帶動風鈴在空中起舞。

「老闆，請給我一杯冰台灣啤酒。」隨後胡一粥便在靠近窗的地方坐下了。

「第一次見到客人獨自一來就點冰啤酒的。」老闆娘從櫃檯擦了擦手，走到了胡一粥的對面位置。「你可知道這家店的規矩嗎？」

胡一粥一愣，「什麼……規矩？」老闆娘指了指吧檯後面的黑板，「以故事換食物」。

「啊，故事。」胡一粥恍然大悟，原來是這樣，沒想到老闆娘也是一位如此有情趣之人，說罷，胡一粥將耳機摘下並放進了隨身包裡。

「殊不知老闆娘，一般都聽什麼故事？」胡一粥第一次遇到如此有趣的店，一下子有了興致。正好，冰啤酒上桌了。老闆娘先給胡一粥的酒杯斟滿。「來，先把這杯乾了吧！」胡一粥接過酒一口飲下。「看來你的酒量應該不錯。」老闆娘讚歎道。

「不不，在下雖然不擅飲酒，卻也偏愛微醺的感覺。也不懂酒，就偶爾小酌怡情而已。」

「哈哈，真是個有趣的人」，老闆娘開懷一笑，轉過身朝著

吧檯說道，「小松，再拿一個杯子，我想和這個年輕人好好聊一聊。」

「年輕人，從哪裡來的呀？」

「淡水。」

「喔，看樣子，可是淡江大學的學生？」

「正是。」

「喔～那你為何在這寒夜裡獨自在台北？可有什麼心事？」老闆娘用手托住了下巴，盯著胡一粥，倚在窗上。

「其實並沒有什麼，」胡一粥迴避了老闆娘的眼神，望向窗外。外面漸漸下起細雨，給窗外的霓虹加了一層朦朧霧色。

「也就是最近想偶爾放空一下自己。電腦運轉久了容易當機，人腦有的時候也是需要放鬆的。」說罷，胡一粥將面前的酒一飲而盡。

「有的時候突然會思考自己身處的這個時代，到底是個怎樣的時代呢？有些時候，我們很想去做點什麼，想要稍微改變一下社會的某些狀況，但是，漸漸地我發現，我忽然連這個世界都看不清了。」

胡一粥看了看老闆娘，將酒斟滿。舉起了杯子，老闆娘也舉起了杯子，二人一飲而盡。相視一笑，胡一粥說道：

「曾經，我有想像過，將自己的足跡留在每一個地方，想多看看世間百態，希望為世界盡自己的一份力量，但是現實往往很

殘酷，或許未來，我連一頓午餐都無法有保證。未來，是無法掌握的，看似未知的有趣，但又有未知的殘酷。我自己也無法保證自己能夠成長還是墮落，未來會到什麼地步。其實我還蠻羨慕老闆娘的，我想您已經找到了內心的安放之處，在這裡，您做您想要的事情。」胡一粥托著額頭，眼神裡泛著淡淡的憂鬱。

「嗯，的確，這是我所追求的，我也為此奮鬥了許久，凡是想要做自己想做的事情，都會有一個過程的。」

這時，店裡的柴犬——小柴朝著胡一粥跑來，蹭著他的腳踝，好像在撫慰胡一粥。胡一粥彎下腰，把小柴抱在腿上。「來，我們一起喝酒吧。」

小柴聞了聞，轉頭，就從胡一粥的腿上跳了下去，搖搖尾巴離開了。

「這隻柴犬酒量還不行呀！哈哈！來，老闆娘，我們倆自己喝吧。」

漸漸地酒瓶裡的酒見底了，老闆娘問道「年輕人，你可喝過台灣的啤酒頭——二十四節氣啤酒嗎？」

「喔？未曾喝過。」

「小松，來兩瓶清明！『清明』啤酒是以德國煙燻啤酒 Rauchbier 為底，加入了台灣艾草焚燒後的餘燼，有點微微的苦澀，但這種苦澀，是每個人成長都要經歷的，我覺得這個很適合現在的你。」

「來，雖然未來充滿了未知，但是你還年輕，不要害怕輸不

起，凡事多去嘗試嘗試，來，我們這一杯敬未來！」

「哐！」

「我想今天能夠遇見老闆娘您，真是難得的緣分，我對台北的街道也不是很熟悉，就隨心逛逛，便遇見了，還能一同飲酒聊天，實為可貴。來，老闆娘，這一杯我敬您！」

「敬此刻！」

雨漸漸的停下來了，路邊的行人漸漸的多了起來。

「夜色很美，但是行色匆匆，美，究竟能持續多久，有多少人迷失了自己呢？我不知道，或許他也不知道。」胡一粥望著酒杯裡的酒，輕輕的晃動著酒杯。

「我似乎有點醉了，老闆娘，感謝您今天陪著我，雨停了，在下也要告辭了。」

「嗯，希望你今天玩得愉快，下次，記得帶上你的故事噢～」

「好！」

「叮鈴鈴……」

「MIND THE GAP ……」

雨夜雜談

劉為晨

2017 年的第 18 號颱風「泰利」今日登陸基隆，將會給台灣北部帶來大量降雨。淒風苦雨已經在淡水肆虐了一整天，入夜以後更是狂風大作，街上已經沒有多少行人了，偶爾有車輛開過，雨夜的寧靜才會被車頭的大燈所劃破。

阿斐因為考試請假溫書去了，店裡也沒個客人，小松百無聊賴地挑逗著同樣百無聊賴躺在地上的小柴。就算店裡一個客人也沒有，老闆娘也不讓小松關門打烊，開了一瓶 SPRAY 威士卡配著一碟椒鹽瓜子不快不慢地嗑著。梧葉食單橘黃色的燈火遠遠地看上去就像轉角的一座燈塔，讓風雨中的人們情不自禁地想靠過去取暖。

寧靜遲早是會被打破的，埋頭趕路的為晨，早已是飢腸轆轆。在拐角看到這家梧葉食單時，想到這附近的店幾乎都關門了，即便趕回家也找不到地方覓食，還不如在這裡飽餐一頓再回去洗澡。想到這裡，為晨就走到店門口推門而入，店裡雖然沒有客人，但柔和的燈光和溫馨的氛圍頓時讓他眼前一亮。為晨走進店裡，才發覺自己還披著剛剛從便利商店買來的雨衣，連忙脫下來放在雨傘架上。

才剛走進店裡，小松就起身迎過來招待為晨。

「您好！請問是第一次來嗎？」

「是的，是的。」

「那我介紹一下喔，這是我們正常營業的菜單。」說著遞了一份菜單過來。

為晨瞄了幾眼，抓了抓濕漉漉的頭髮說：「那不正常的呢？」

這時老闆娘突然有了興致，搶過來插話說：「同學，除了正常的菜單，你可以在這張『梧葉食單』空白菜單上寫下你想要吃的東西，我可以免費請你吃。但你要把屬於自己的一個故事講給我聽，作為交換。如果你實在不知道吃什麼，也可以先講故事，聽完故事我再憑感覺做給你吃。」

「故事？？」為晨聽了，在心裡自嘲道，白開水似的人生有什麼故事好講呢？

小松也是無聊想找點樂子：「隨便聊聊也行，我們老闆娘很好說話的。」

「那就隨便聊聊。先說說今天吧。我是從大陸來淡江大學交換的學生，今年9月份剛到的，所以今天第一次經歷淡水這麼殘暴的大風大雨呢。」

為晨顯然還沒從暴風雨給他的衝擊中走出來，他還頂著大雨，冒著手機進水的風險錄了影片。「你看你看，這棵樹幾乎都要被吹斷了。我出門的時候是有帶傘的，但是這個風速下完全沒辦法撐傘嘛。在街上剛把傘打開，傘面就被吹翻過來而且還剎不住車，在大風的吹動下雨傘骨架嚴重變形幾乎要被折斷。為了保住尊貴的雨傘，我不敢用全力和大風抗衡，只能順著風吹的方向

小跑步，就怕會被折斷。」

老闆娘想像一下為晨傻頭傻腦追著雨傘跑的樣子，情不自禁地笑出聲了，「那你就不是雨傘保護人，倒是變成人保護雨傘了。」

為晨苦笑著說：「是呀是呀。後來乾脆把傘收起來了，遇到一家便利商店就買了件外罩的雨衣，可是也保不住頭和腳，都成落湯雞了。倒是想請教一下，這麼惡劣的天氣，淡水的居民是怎麼出門的呢？」

小松拿了一雙拖鞋來讓為晨把球鞋換下來，打趣道：「這麼惡劣的天氣，我們一般不出門。」

為晨楞了一下，想不到是這麼個神回覆，不過想想也確實有道理。這種天氣要不是因為有事情要做，誰會願意出門淋雨呢？

「我今天是去同學家裡拍訪談記錄了。我在大陸的時候就特別喜歡淡江大學的王慰慈老師，所以來了淡江以後一定選她的課。最近就是在忙著她派的作業。我們的作業都是按小組來做的，最近在拍一個家庭訪談的作業，要求拍一位小組成員的家庭故事。我們前幾天開會各自介紹自己的家庭時，發現小組一共就 6 個人，竟有 4 個來自單親家庭。剩下兩個雙親和睦的同學反而覺得自己有點異類了。」

「哈哈哈哈……」店裡的人都被逗笑了。

為晨接著說：「這倒是反應出台灣居民對於婚姻觀念比較自由的態度，像在大陸我們的長輩是絕對不會輕易離婚的，總是覺

得一日夫妻百日恩，怎麼都能湊合著過一輩子。不過近幾年這些觀念也有在逐漸開放。」

小松說道：「我覺得在反抗婚姻給人帶來不幸福這件事情上，幾代人的方法都是在逐漸發展的。幾十年前人們不善於提離婚，就只能忍氣吞聲著。十幾年前的一代，就學會開始用頻繁的離婚來擺脫。而我們這一代，也就是所謂的『90後』或『七、八年級生』心中懷著對婚姻恐懼的人，就乾脆不結婚了。」

不知不覺老闆娘的眼神有點暗淡了，失去了焦距，似乎是在回憶往事。

「聊得也差不多了，還是先幫同學做點吃的吧。今天老闆娘請客，你想吃什麼都可以。」老闆娘說著並親自拿著梧葉菜單，準備記錄。

「說實在的我還真沒有什麼特別想吃的。來台灣以後覺得一切都很好，就是在吃飯這方面實在是太不合胃口了，附近的食物都吃了一遍，但是也沒有覺得有什麼特別好吃的。所以每天到了吃飯時間都不知道要吃什麼，對吃沒有追求的人生簡直是黯然失色。」為晨顯然是餓了。

「你是哪裡人呀？」老闆娘問道。

「江西贛州知道嗎？在贛南，離福建很近的。」

「大概聽說過，贛南地區是有很多客家人嗎？我知道唯一一個會吃辣的客家人家鄉在你們那。」

「是呀，我們都很能吃辣的，偏偏這邊吃的菜都是甜的，簡

直是降低了生活質量。」

　「我雖然沒去過你們那裡，但是看你的性格大概能揣測出幾道合適的菜品。你稍等一會兒，我這就去做。」

　不一會兒，一股辣椒的鮮香伴著濃烈的鍋氣傳出。

　「青椒炒蛋，這是我現在能想到最適合你的菜了。明天你再來，多講幾個故事，也許還會有更好的點子冒出來。來吧！別客氣，這頓我請。」

你們

易卓然

風雨蕭瑟，沒撐傘的蕭然面無表情地的推開那扇門，找了一個靠窗的位置坐下。

小松甜甜的問道：「你好，請問需要點什麼？。」

「一塊黑巧克力布朗尼就好。」蕭然努力擠出一絲微笑答道。

「好的，請稍等。」

蕭然坐下擦了擦眼鏡的霧氣，戴上後卻依舊緊盯著窗外，彷彿在思考些什麼。「Hello，最近過得怎麼樣呢？」老闆娘邊走邊說，順勢坐在蕭然對面。

蕭然停頓了幾秒，有些艱難的開口：「嗯，還好吧，馬馬虎虎。不過昨天晚上比較晚回去，去淡水河邊坐坐，欣賞了凌晨三點的淡水天空。月色悠悠，街上很靜，能聽見浪的聲音。長凳上，幾個微醺的人，與暗淡的月光相伴。」

老闆娘：「那你們都聊了些什麼呢？」

蕭然：「昨夜一起喝酒的阿傑說，他前些日子原本打算去見幾位高中同學，但總是無法約到大家都有空的時間。在這期間他回家一趟，到家時不見雨水的影跡。天色很藍，泥土的氣味似乎帶著清新的味道。這熟悉的泥土氣息，是他北上工作最懷念的記憶。然後，他隨手拍了幾張風景照，其中一張鏡頭裡竟有細細的

竹葉闖進來。阿傑上傳到群組裡向我們炫耀，說實在的，拍出來的照片確實比以往令人驚艷，對於他這樣一個拍照白癡來說，著實難得一見。」

這種感覺，蕭然目光所及，抬頭望望窗外，雨依舊在下，彷彿自言自語的接著講：「我好像有一種說不出的感覺，但好像也沒有什麼值得好去講的。家，怎麼說呢，有一種潛在的歸宿感存在，使不安定的靈魂能安定下來。在離開家的這一陣子，是有過在深夜輾轉難眠的日子，一種細細的牽掛。大概，我也想回家一趟吧。」

老闆娘：「家，是一個歸宿，你的生活方式和家契合便好。」

蕭然：「哈哈，我想，像我這樣的人大概無論在任何地方、任何環境，都能按照自己喜愛的方式活下去，有點自由慣了。」

「嗯，你這種心態，能活成自己想要的樣子，家人也應該多關心家人才是。」老闆娘說道。

蕭然切了一塊蛋糕放入口中淡淡的說：「是，算了，不說這個了，我也還有近六十天就能回家看看了。近日這淡水的天總是愛陰沉，總愛下粉粉細細的雨，擾亂人的心緒。好像千言萬語都揉到了一起，說不出口。如果說你身邊出現了一個人，他是虛妄的春天，是不能同歸的殊途，那我又是否應該為此停駐？我不明白。而且我總覺得似有似無，抓不住。」

老闆娘說：「這是一種抉擇吧，每天我們都在做著無數的選擇，做選擇著實艱難。有人說，如果喜歡，那就在一起吧，就算

無法在一起，至少你去嘗試了，不留遺憾。也有人說，人還是現實一點好，理性才能長久，徒有一腔熱情也終究會被時間沖淡。畢竟，是不同的歸途。相應的不同的選擇，也相應要承擔不同的後果，這些我們應該清楚才是。」

蕭然：「嗯，我明白。事實上，我比較喜歡有意思的人。在我心裡，他們就是真實的瘋子，在被生活輾過，失敗過之後還能繼續的熱愛它，說著希望擁有一切，同時也不停地為自己的目標奮鬥著。他們不知疲倦，可以陪著你整條街整條街地說話奔跑，笑著、鬧著。你會不由自主發出啊的吶喊聲，就像整個春天的爛漫都被鎖在了一隻蝴蝶身上那樣，困頓的人其實是我。心滿意足的人吶，不會需要食物，卻依然富有。而我卻總在後面小心翼翼的追趕，卻怎麼也追不上，一種生分的距離感。」

老闆娘：「在我看來大部分人的一生既不失跌宕，也不少平靜。這讓我想起生活在山村的阿公與阿嬤，他們澆水、擇菜、下象棋，或是躺在籐椅上閉目歇息。院子裡還養了一隻老黃貓。閒來沒事和鄰居們聊著瑣碎的日常，做一些針線活，平淡的過。在看似單調的粗茶淡飯中的樂趣，是我們察覺不到的。他們相濡以沫，廝老終身。在我看來，這才是真正意義上的生活，在平凡與不凡間進退自如，四海潮生。」

蕭然：「我真是羨慕那些周旋於各個事件中，還能認清自我的人。還有，那一天忙到深夜，和兒時認識的好友視訊。我們講了很多很久，關掉時已是凌晨。朋友幫我帶回來的雞排都變硬了。我靜靜地吃著涼了變硬的雞排，內心卻悶的喘不過氣。

　　「一直以來其實知道自己存在著一些問題，有些事情處理得不好，或者說是做錯了。但還是不願意剖析自己，看清自己。那晚，在朋友的面前，我願意去聽真實的我，糗事講出來，也不覺得被笑話。反正怎麼舒服就怎麼來，我願意。說真的，相較於愛情，友情要更加挑人。愛情或許還能更加遷就，倘若朋友之間話不投機，那就真的做不成朋友了。」

　　老闆娘被蕭然這一本正經的模樣給逗樂了，不禁莞爾一笑後說：「關於友情與愛情，知音與佳人。孰輕孰重，我無法給你一個回答，換句話說，每個人會有自己的看法。隨著你的閱歷愈來愈豐富，我相信時間會給你答覆。」

　　蕭然：「好，謝謝妳了。老闆娘，雖然我現在對這些問題還沒完全懂，但講出來之後，真的輕鬆了不少，我想，我也應該能做出好的決定。」

　　老闆娘：「加油哦，不要讓自己後悔。」

　　隨後蕭然起身整理了一下衣服，微笑著跟老闆娘說再見。輕輕闔上門，沿著路燈延伸的方向走去，哼著幽蘭逢春的旋律，空氣中似乎帶點巧克力的味道。

蝦仁炒飯

章楠

　　KK 推開餐廳的大門，走向吧檯旁邊的椅子。「今天風還挺大的呢。」KK 一邊說著一邊解下自己脖子上的圍巾，隨手扔進自己的雙肩包裡。吧檯後的老闆娘看了一眼 KK，倒了一杯滿滿的熱可可遞給她：「在台北就嫌風大，你肯定沒去過新北那邊。」

　　「新北怎麼了？」暖暖的可可稍微驅散了一點 KK 從外面帶進來的寒意，她緊緊握著手中的馬克杯好奇的問道。

　　老闆娘擦拭完吧檯上最後一點水漬後，回答說：「前段時間我們店裡來了一個淡江的學生，跟我說，比起淡水，台北真是太暖和了。新北淡水冬天的風簡直能把人給吹傻，而且那邊不僅風大還伴著連綿不斷的陰雨天。」

　　「那也太慘了吧。不過其實我家那邊也挺冷的，只不過這幾年在暖和的地方待了很長的時間，一點風都覺得冷了。人啊……」KK 笑著喝了一大口可可，頓了一會兒說：「這裡有菜單嗎？我看了好久都沒看到菜單呢。」

　　「我們這裡啊，沒有菜單。妳想吃什麼我們就做什麼，但是想要吃飯就要拿故事來換哦。」老闆娘擰乾手裡的抹布，擦淨手上的水，遞給 KK 一張寫有「梧葉食單」的空白菜單。

　　「看樣子我今天是進了一家很特別的店。」KK 看著面前的空白菜單笑道：「哪有那麼多的故事，我的人生就是平平淡淡。

從小到大，按部就班的讀書，健健康康的長大，沒有驚心動魄的事件，也沒有偷偷摸摸的早戀，要說發生過最讓人不可思議的事情也就是我現在居然在台灣讀書吧。」

KK 提筆在空白菜單上寫了「蝦仁炒飯」四個字，將菜單遞給老闆娘說：「我超愛吃蝦，以前讀書的時候，我媽早上有時候會幫我做蝦仁炒飯，只要吃到蝦仁，一整天的心情就會超級好。我沒有那麼多故事，要不然我就說說我來台灣半年的感受，陪妳聊聊天換這頓飯？」

老闆娘收下菜單，盯著菜單沉思一會，說：「妳先說說看。」

KK 環顧四周，頓了一會兒，說道：「妳知道嗎？我今天出門，最大的感受就是妳們這裡的耶誕節氣氛真的好濃啊！到處充滿了耶誕節的氣氛。百貨大樓前面早就亮起了巨大的聖誕樹，街邊小店也掛起了各式各樣的聖誕裝飾。11 月底很多的百貨、商店開始掛起聖誕裝飾。有一次吃完飯回家，路過一個社區門口看到了一棵超級大的聖誕樹，那天晚上和我媽視訊的時候還超級興奮地跟她說，台灣現在就到處可以看到聖誕樹了呢。」

「妳看，妳們門口現在就有一群學生在聖誕樹那裡拍照呢。對了，我還很羨慕你們台灣的學生啊。每次我從宿舍的窗戶看到街道上剛放學的學生們穿著漂亮的學校制服，男男女女，成群結隊，穿梭於各個店鋪之間。相互之間笑著鬧著，嘰嘰喳喳說個不停，我都由衷的羨慕。」KK 轉回頭，對著閒下來的老闆娘感慨道：「我們讀書的時候，沒幾個人愛穿校服，因為它太醜了。不管男女全部是一樣肥大的校服和校褲，穿上它，五米之外，男女不分。

而且，下了課哪敢在外面玩那麼長時間，早被父母拎回家寫作業了。像耶誕節這些節日啊，小學、初中還可以明目張膽地互相送賀卡禮物，到高中只敢偷偷摸摸，趁著中午、傍晚吃飯的時間避開老師，把自己的同學朋友喊出教室，塞了禮物，說不上幾句話，立馬就跑走。現在想一想當時，感覺自己像是做暗地交易的。不過回憶起來，感覺環境越驚險反而記得越清楚。」

老闆娘看著吧檯前面年紀輕輕就對過去有各種感慨的 KK，打斷了還想繼續回憶下去的她，說：「來台灣半年了，學習、生活都適應嗎？」

KK 喝了一口手中快要涼掉的可可，接著回答道：「我剛來的第一天就想回家。第一天下了飛機，辦理好宿舍的相關手續就趕緊去買生活用品。我以前從來沒有一個人獨立生活過，在家裡父母一切都幫你準備好了，不覺得這些事情有什麼，可是當自己做的時候才會發現，原來這些不起眼的事情是那麼的繁瑣。

我為了買齊清單上的東西，一天之內跑了六、七家超市、商場，初來乍到，對價格情況也不是很瞭解，買東西還拿著計算機在那裡比價。回到宿舍已經累到快虛脫的我，想想第二天一大早還要起床讀書，就特別難過。當時就想打電話和媽說，我想回家，想吃她做的飯，想睡在我自己的床上。就這樣難過著，我第一天也就這樣過去了。

誰知道第二天更艱難，你能想像剛上學的第一天就是滿堂的課嗎。第一天，我從早上八點上課上到了下午五點，最令人不能適應的是，這邊的學校中午沒有午休，這讓午休了二十年的我整

個下午崩潰，不過這毛病後來也被一杯杯咖啡給灌好了。

　　「其實，台灣這半年，如果要我說我學到了什麼專業知識，我也說不出個什麼來。這半年帶給我更多的是對自己的思考，對周圍一切的感恩吧。生活、學習上總是會有意料之外的事情讓你措手不及，但因為一個人，困難、挫折總在你面前放得無限大，也因為一個人，對提供幫助者的感激也無限放大。而這些挫折、感激也讓我越來越知道家人到底對我來說有多麼重要。不管你站在什麼立場，遇到什麼事情，他們總是一如既往地支持你，在他們那裡我可以活得輕鬆的原因，無非是他們扛下了我生活中一大部分的重擔。

　　也正是因為遠離家鄉一個人生活，才讓我看清楚自己真正想要的生活。兩年前填大學志願的時候跟我媽吵架吵得特別兇，我媽不想讓我離家太遠，而我一心想出去，總覺得在家門口讀什麼大學。可是離開家的距離越遠，離開家的時間越長，遇到的事情越多，我也越來越發現，我沒有那麼渴望遠方了。我越來越趨向穩定安逸，兩年前還信誓旦旦地說不想當公務員的我，也會思考這份工作的可行性。可能也是到了為未來焦慮的年齡，在台灣這半年，真是讓人想了很多。」

　　「蝦仁炒飯好了。」一直在廚房沉默的大叔突然出了聲。

　　「給妳放了很多蝦仁哦。12月到了，回家的時間也近了呢。」老闆娘端上炒飯，對著 KK 笑著說道。

外面的世界

王西亞

　　一場突如其來的大雨讓沒有雨具的她狼狽不堪，匆忙中她跑進了附近的一家店，原本只想隨便找個避雨的地方，卻意外地發現一家風格別致的飯店，此時肚子也在抗議式的咕咕叫，正當她想要點餐時，老闆娘手端著一杯熱薑茶迎面向她走來。

　　老闆娘為這位剛剛淋過雨的女孩遞上了那杯暖暖的薑茶，並說：「快喝點吧，小心感冒了。」

　　她說了聲：「謝謝！」接著她喝了一口，這杯不僅讓她身體暖了起來，更是暖了她的心。

　　她又說：「請問，這邊有什麼吃的可以推薦的嗎？」

　　老闆娘回答道：「嗯，有的，我們的菜品不僅很豐富並且每一道菜都有著它獨特的味道。」

　　「那我可以看看菜單嗎？」

　　「我們這邊有一道特別的菜品，你想試試嗎？而且還是免費的噢！」

　　「哇！真的嗎？好想試試啊！」

　　老闆娘遞給她一張「梧葉食單」的空白菜單，然後說道：「這是我們店裡以故事換取食物的菜單，妳只需在點餐前講述一個故事，並在這張菜單寫下妳想吃的東西就行了，妳先想想，過一會兒我再過來。」這時，她便開始思考：我該講一個什麼故事呢？

　　幾分鐘後，老闆娘坐在了她的對面，似乎做好了聽故事的準備，她也很感謝老闆娘能給她幾分鐘的準備時間，原本她是不想講這個故事的，但是剛剛那杯溫暖的薑茶讓獨自在外的她感受到了好長時間都沒有得到過的溫暖。

　　老闆娘開口問：「我們可以開始了嗎？」

　　「嗯，當然可以。」

　　她是來自大陸一個小城市的研修生，最喜歡聽莫文蔚的那首《外面的世界》，從小的夢想就是去外面看那個精彩的世界，高考後她不顧父母的反對，選擇了一個離家千里的學校。外面的世界確實很精彩，美麗的自然風光、繁華的城市街頭、美味的地方小吃、不一樣的人文風景……。每當有節假日，她都會想要去台灣的各個角落走走，看看那些未曾見過的風景，剛開始的時候她很享受這樣的生活，走過了自己沒走過的路，吃過沒吃過的美食，認識了各種各樣的朋友，見識了所謂的「外面的世界」，好像每一次的旅行都是那麼的令人開心。

　　但是，在每一次的旅行結束後，心裡更多的是空虛跟寂寞，在外面可以看到很多不一樣的風景，可是她好像失去更加值得擁有的東西。每一次的家庭聚會她都不能參加，每一次家人的生日不能一起慶祝，每一次家人生病不能第一時間問候……，有一次跟家人聯繫時她才聽說，外公不小心摔倒了，過了幾個星期都還沒痊癒。而她聽到這個消息後只能透過通訊工具送去幾句關心的話語，卻不能回去看望一下外公。這些每一次的錯過都讓她很自責，當初若是聽從父母的話，那情況會不會變得不一樣？

其實最重要的是獨自在外沒有親人的照顧，她只能逼著自己更快的成長，面對挫折只能自己堅持、遇到困難只能自己解決、生病時只有自己逼著自己去看醫生……，生活中所有的一切只能自己去面對。她為了不讓家人擔心，她對父母從來都是報喜不報憂，一步一步地將自己裝成了大人的模樣。

老闆娘一邊聽她講故事，一邊為她斟滿那杯喝了一大半的薑茶，好像也感同身受似的點點頭。

她喝了一口薑茶繼續說道，每年只有寒暑假才能回家一趟，回到家後就好像回到了小時候，可以肆意地向家人撒嬌，也不用害怕自己因為說話不恰當而讓別人不高興，不用擔心自己的小任性會沒人包容，不用假裝長大，永遠可以做那個被捧在手心裡呵護的小孩。

說完了這個故事她不禁流下眼淚，她想家了，想念那裡的一切。她在那張菜單上寫下了一個字「麵」。她說每一次想家時她都會想要吃麵，因為每一碗熱騰騰的麵都會給她一種溫暖的感覺，然後又有了向前的動力。隨後她把菜單遞給了老闆娘，老闆娘一邊接過菜單一邊回應了一句：「請稍等片刻！」便逕直地向廚房走去。

為了打發時間，她看著窗外越下越大的雨，不知不覺心情漸漸好了起來。這場大雨好像把她所有的情緒都發洩了，所有的不暢快都得到了緩解。同時，她也在等待那碗熱騰騰的麵，能給她溫暖的那碗麵。

沒一會兒，老闆娘親自為她端來了那碗麵，並鼓勵她：「我

特意交代師傅做了一碗日本拉麵，師傅的手藝不錯，希望這碗麵能溫暖妳，在外的日子要加油噢！」

「謝謝！」說完後，她用手機拍下這碗獨一無二的拉麵，她說，人的記憶是有限的，而她又希望能夠永遠記住這份溫暖，照片可以幫助她記住這些美好的回憶。隨後，她便開始慢慢吃起來，可能是吃得太專心的緣故，她未能察覺到窗外大雨已經停了，直到陽光透過雲層照射在她的臉上才引起了她的注意。

雨過天晴不僅是氣象現狀更是她現在心情的寫照，她其實很明白，如果沒有看過外面的世界怎會知道這個世界是精彩的呢？怎會知道家人在她心中的意義呢？又怎能更深刻地體會到成長的過程呢？她珍惜自己正擁有通往外面世界的「通行證」，同時也珍惜親人給的關懷。

她說她是個幸運的人，外面的世界很適合她成長，無論是對增長她的見識還是磨練她的心志都是有益無害的，在這個世界裡她可以扮演好一個大人的角色，並且還可以將自己所有的事情處理得很好。而家人的世界很適合她釋放，在家人面前她可以隨心所欲地做自己，盡情做一個無憂無慮的小孩子，想哭就靠著爸爸肩上哭，想笑就躺在媽媽懷裡笑，不用在他們面前假裝長大。

吃完麵，她打開手機戴上了耳機，那熟悉的歌聲正在耳旁響起「外面的世界很精彩，外面的世界很無奈……」，離家求學的這三年讓她更加明白這個歌詞的意義，精彩中又有無奈，但是總會有家人支持她、等待著她。正是因為人生不是圓滿的，才稱之為人生，只有經歷了種種才明白自己真正想要的東西。

細味

吳曉穎

5,4,3,2,1……新年倒數聲驟然響起，遠處的大鐘發出低沉的嗡鳴聲，禮炮轟鳴，煙火漫天，是新的一年了。

昏暗的房間裡，J抬起頭瞭望窗邊，除夕的夜晚大街上果然燈火通明，喧囂的人群熱鬧聲依稀從隔音差的房間裡傳進來。J蜷縮在電腦前，耳邊循環播放了很久的音樂，嘴邊滿是啤酒的乾澀。

台灣，22歲的J，獨自一人，房間裡的暖氣吹得整個人熱烘烘的，可是她卻感覺到久違的孤獨包圍著她，連那份原本應該被好好品嚐的關東煮也沒有得到主人的賞識，早已涼透了。肚子裡傳來陣陣咕嚕，抬手看了眼手錶，上面的指針數字提醒著，已經一天沒有進食，也是時候該出去找點東西吃了。

青石板拼鋪成的長路上，行走著一對對依偎在一起的情侶和溫馨的家庭，道路兩側的燈光灑落下來變得閃亮，就像星塵，有趣又精緻。

J走在大街上，單薄的身影彷彿與人群格格不入。在公寓旁邊有一家叫「梧葉食單」的餐廳，每天都有絡繹不絕的人來吃，只因為這裡除了日常營業外，還有著以故事交換美食的獨特營業方式，因此J也經常光顧這家餐廳。

平日裡，輕鬆悠閒的學生們在放學後會成群結伴地相約，坐

在餐廳裡愉悅地與老闆娘談天說地，最後每人收穫一份甜蜜的馬卡龍甜品；在深夜裡，也有忙碌的成年人能夠停下石板上奔走了一天的腳步，坐下來與溫柔可愛的服務生小松或是活潑開朗的工讀生阿斐聊聊今天的順心事和糟糕事。

J進門後抖了抖身上的寒氣，環視一周。即使已經是深夜，今天的「梧葉食單」也如同以往坐著幾桌客人，J簡單地鞠了躬就坐在遠離著吧檯的位置上，抬起手來示意阿斐拿來菜單，沒有說話，只是在菜單一欄中簡單地點了點「豚骨拉麵」的位置，阿斐立刻明白了，收回菜單後面帶笑容說了聲「新年快樂」，就走向了收銀台處。

十分鐘後，老闆娘端著冒著熱氣的一碗豚骨拉麵逕自走了過來，輕輕地放在J的面前，並且溫柔地說了一句「用餐愉快哦！用餐之後方便的話，可以陪我聊一聊嗎？就當是新的一年送給我的禮物。」J愣了一下，點了點頭。

用過餐後，J起身走到老闆娘身旁。她正拿著精緻的小酒杯，目光微微地端詳著店裡的人，看到J坐下後又遞給她一罐啤酒，沒有說話，似乎在等著J開口。

「……新年快樂。」J望了一眼店內，室內熱鬧的氛圍已經逐漸消散了，凌晨一點的「梧葉食單」已經走了一批聚會的人，稀稀疏疏地留下了幾桌孤獨食客，還有阿斐在一旁收拾著餐具。「怎麼今天這個時間，阿斐還在這裡呢？」J漫不經心地搖了搖啤酒罐，「阿斐也是個工讀生，夜晚應該要好好地休息一下吧？」

「是阿斐自願留下來幫忙的呢，之前我讓他放假去和家人朋

友倒數，他說沒有這個必要，想要留在這裡趁著這個機會多賺點時薪。阿斐確實是挺能幹的！我當初第一眼見到他就覺得他很可靠，雖然平常看起來嘻嘻哈哈的，可是做起事來卻是很踏實，讓我們都很放心。」老闆娘一臉滿足的笑容，隨後拍了拍 J 的肩膀。「不過你們交換生也是很難有機會能找到合適的工讀生工作啦，不然的話，或許還可以體會一下這種和讀書學習不一樣的生活體驗，對你將來踏入社會也是一個很好的試水台。」

J 頷首沉默了片刻，回答道：「其實我也挺想嘗試一下的，如果有這樣的機會也未嘗不可啊！」

「那妳想嘗試哪一種？」老闆娘突然放下酒杯問道。

「嗯？呃，怎麼說呢……我挺想嘗試一下穿著玩偶服在街邊派派傳單，和來往的路人互動一下，這工作雖然外表看起來很可愛，但是實際上還是挺辛苦的。」J 笑了一下，說道：

「其實我有這個想法是因為我之前看過有一家兒童玩具城在舉行玩具促銷活動，商場門口全都是大人帶著小孩在那邊玩耍，還有很多不同角色的大型玩偶公仔在門口跟著音樂一起跳舞，那天可是個大晴天啊，光是想像就能知道這種工作有多辛苦了。不過我看那天的氛圍還挺高漲的。」

老闆娘一臉詫異，「誒！那你還想去嘗試這樣的工作，怎麼會有這種想法呢？穿玩偶服在街上做活動可是很辛苦的喔！」

「可是那樣也挺有意思的，不是嗎？」J 興致勃勃地解釋道，「我那天坐在對面的咖啡廳裡喝著下午茶，室內冷氣的風吹得呼

呼作響，看著對面的一群玩偶公仔沒有歇息，大太陽底下一直不停地隨著旋律擺動著龐大的身軀。

其中有一個玩偶泰迪熊還特別有趣，胖胖嘟嘟的，棕色毛茸茸，鼓著腮幫子笑著，他旁邊立著幾個長條形狀的大型氣球，氣球上還綁著幾條長繩，繫在長繩上的小風車伴著微風呼呼的旋轉著，特別像那種被安裝上長時間發條的機械工具。那個玩偶熊就一直抓著氣球不停地搖晃著，另外一隻手還可以和路人互動。」

J拿起啤酒，喝了一口緊接著說道：「我在那裡待了一整個下午呢，整整五個小時，他們幾乎都沒有怎麼休息過，只是偶爾趁著人潮少的時候坐在背對街道的樹蔭下休息乘涼，摘下頭套來呼吸一下新鮮空氣。我在那個時候發現原來他們年齡或許和我一般大吧，有一兩個和阿斐一樣年紀，應該也是高中生或大學生吧，真小啊！」

「……其實我當時還挺想跟他們聊一下的，沒想到，那個穿著泰迪熊玩偶服的女孩摘下頭套交給旁邊的同伴，就這麼走進來咖啡廳，或許是注意到我一直在觀察著他們吧，那個女生就逕直地向我走過來，於是在等飲料的同時，我還和她聊了一些小事情。」J興奮說道。

「誒！想不到是個女生誒，玩偶服這麼重，一個小女生也能撐這麼久，真的好厲害喔！」老闆娘聽著不禁驚歎。

「是啊，我也挺意外的……」J又抿了一口啤酒，「我和那個女生打了個招呼，還問了她很多關於工作的事情。我一直以為，只需要做一些可愛玩偶會做的動作，然後適當地和路人們做

一些互動就好了，但其實也是很講究的。女生告訴我，穿上玩偶服就像鑽進了一個慢慢加熱的爐子裡面，從頭頂到腳底慢慢開始感受到玩偶服上的絨毛帶來的熱效應，時間長了不是一般的好受，何況還是站在太陽底下。」

「做這種玩偶工作除了要忍受過度的熱氣以外，還需要兼顧許多事情，並沒有想像中的那麼簡單。當一個吉祥物玩偶除了要熱情地招呼客人，還要把喜悅的氛圍傳染給路過的人，吸引觀眾。特別是小孩，有的小孩看到玩偶就會好奇，想要靠近，這時候玩偶就得引導小孩，讓他們不會對巨大的玩偶產生恐懼，這種親近一點都不容易。因為是戴著頭套，不能夠以真實的面貌視人，這樣的交流和接觸，就更加考驗人與人之間純粹的交往了。」

「因為中間有著阻隔吧，不是平日接觸的直接狀態，這種交往總會讓人產生恐懼和不安，客人也不知道玩偶服內的人是以什麼樣的心情去面對這個場景，一開始也會覺得失措和內斂害羞，或許也是擔心這些玩偶有著過度的熱情吧。人面對過度的東西總會不知所措。大家都是這樣。」

「畢竟都是不容易的工作，況且這種工作還得要夠主動才行，不然也不會吸引到客人！」

「是啊，不過當時我是有點衝動想要試試看她們的玩偶服，看看穿上之後我能不能適應，沒想到那個女生居然答應了，可以讓我嘗試一下。」J面露自豪。

「哇，那也太棒了吧，你感覺怎麼樣？」老闆娘驚喜地蹭過來。

「穿上玩偶服讓身體活動更加笨拙，四肢也不能隨意地晃動；不僅如此，入眼的是比我想像中還要局限的視野，在這個時候不斷地放大，以這樣的角度審視的世界和平常所看到的完全不一樣。雖然畫面很局限，但是你想看到的是可以交由自己所控制，不必全部都接收，在玩偶服的掩蓋下，自己就成了一個沒有身份約束的人。在這種情況下，即使你做出一些誇張、古怪和以往與自己形象不符的動作也可以，因為沒有人會在意你的身份。也就是說，你也可以站在一個較為客觀的立場上，肆無忌憚地觀察著這些陌生人，或許還能夠在封閉的空間內構想出許多不一般的故事。」

「那你有看到讓你覺得很特別的人嗎？」

「是一對母女吧，女孩很可愛，蹦蹦跳跳地向我衝過來，一瞬間還以為會撲上來，結果自己在我面前停下來了。小女孩伸向我的手帶點猶豫的心思，一邊還回頭望瞭望母親，得到准許後，抬起頭心滿意足地摸了摸玩偶的肚子，雖然不能很清楚地看見她的模樣，但是我可以感覺到她的輕撫和那種幸福充滿胸懷的感覺。也是那個時候，我能感受到一股滿足湧上心頭吧，剛開始還是很緊張的心情，害怕她不會靠近我，擔心她會在我面前不安。不過在那一瞬間，那種自然而然就流露出來的欣慰狀態就讓我一下子更加提起勁來了。」

J回想起那個瞬間，心感覺被喜悅塞得滿滿的、鼓鼓的。

「雖然不會看到對方的神情，也能感受到對方的狀態；有的時候，人的聲音和腳步也能透露出他們的心情。每個人傳遞出來

的這份歡樂和喜悅，或許是十分短暫的，也足夠成為對方和你在同一分鐘裡面珍藏的回憶。」

⋯⋯

「聽起來的確是一份很特別的工作」，對面的老闆娘眨了眨眼，「或許下次你還有機會能夠嘗試一下呢？」

「好啊！」J一聽就笑了。「經過這次我也對這份工作挺感興趣的，不過這真的挺累的。我戴上頭套幾分鐘後就能夠感受到我的汗在不停地往外流，在密閉的空間裡面，接觸不到外面的空氣，只能透過一個小小的空間透氣，我還不確信自己能不能堅持下來。這樣對比下來，這些小年輕真是不錯呢！」

「說得你好像很老一樣，其實你也是小年輕啊，要不下次我們餐廳舉行活動的時候，你就來給我們當玩偶吧，我們來給你定製食物，如何？」老闆娘叉著腰說道。

J撓了撓頭，「那，老闆娘現在就來預支一點點食物如何？我說著說著又有點餓了⋯⋯。」

「阿斐，這裡來份小涼瓜拌芒果吧！」店裡傳來老闆娘響徹的聲音。

窗外，夜色朦朧，璀璨的霓虹燈早已偃旗息鼓，一切都沉入睡眠之中。

梧葉食單

隨行咖啡

一直在路上

新化老街咖啡廳

胃中鄉愁

高姝

　　十月有很多次經過這家叫做「梧葉食單」的餐廳，之前就對這家餐廳的特別有所耳聞。但今天，還是她第一次踏進這裡，餐廳的裝潢不算高級，但卻布置得十分合理，給人在這裡用餐的舒適感。十月的真名不是十月，因為她的男神演的新劇男主角，叫做時樾，於是她喜歡稱自己為這個名字的同音：「十月」。

　　她找到一個靠窗的位置坐了下來，直到那個空白食單放到面前，她才反應過來，原來「以故事換食物」的傳言是真的。旁邊有個女服務生看她有點疑惑驚訝的樣子，便解釋道：「妳在菜單裡寫下自己想吃的食物，食物是免費的，作為交換，要告訴老闆娘一個故事噢。」言罷，指了指坐在前臺的一名女子，十月的目光順著服務生指的方向，看到了正向她親切微笑著的老闆娘，年輕的臉龐散發著一種知性的溫柔氣質。十月思考了片刻，在空白食單上寫下了「奶白鯽魚湯」，遞給了旁邊的女服務生，老闆娘從前臺向她走來，坐在她的對面：「現在可以告訴我妳的故事了嗎？」

　　十月沒有馬上開始講述，而是先問了一個問題：「妳讀過汪國真的詩嗎？」老闆娘點點頭，十月接著說道：「他的詩裡有一句話，熟悉的地方沒有風景。我一直都很喜歡這句話，也希望自己可以自由地漫遊於世界的各個角落。就像三毛一樣，萬水千山走遍，在異國的土地上有一連串流浪的浪漫故事。我希望在大學

期間，自己的見識能夠更加豐富，就成為研修生來到了台灣，開始一段新的求學之旅。」

「那妳在這裡看到了多少風景？」老闆娘問道。十月從自己的背包裡拿出一冊本子，她把本子攤開，介紹道：「這是我的印章收集本，記錄了我在台灣的足跡，因為台灣的紀念章文化非常普及，幾乎每個地方都可以蓋到紀念章。」她翻到一張密密麻麻的圖案，指著它說道：「這是我之前花了一個週末的時間，走遍台北，蓋到的捷運紀念章，每站都有，總共 116 個噢，感覺捷運紀念章真的很神奇，在哪一站都可以給我大大的驚喜。而且捷運裡的景觀，就好像把台北這個地方縮成一個微型玻璃球，供我賞味。」

十月又翻開一頁「你看這些，都是我到過的台灣各種博物館，我喜歡一個人安安靜靜地待在博物館裡看好幾個小時，看那些書本上的歷史被陳列出來，看那些圖畫影像就在我觸手可及之處，這時候我就突然感覺自己心跳的節拍和那個時代的歷史節拍重合了，一些歷史記憶也變得鮮活起來。走進博物館的時候，我好像變成了時空旅行者，在另一段歷史中開啟了新的冒險。博物館不僅是陳列展品，更是與時空記憶的連結與交流。我印象最深的，就是袖珍博物館裡那個超級精細的愛麗絲夢遊仙境模型，好想掉到那裡面和他們一起探險，不過大概真的很驚險吧。」

「喜歡《千與千尋》和《悲情城市》，所以跑到所謂取景地去朝聖啦。」十月繼續翻開下一頁，興奮地指著那個瑞芳車站的紀念章，「九份是山城，階梯上高掛著很多紅燈籠，和電影裡的

情景一樣，遠望過去，顯得安靜又神祕。瑞芳的車站還可以搭乘平溪線的火車，就是哐哧哐哧的小火車，我有將近十年沒坐過這麼復古的小火車了，哈哈哈。」

老闆娘一直耐心聽著，她渾身上下散發出一種安靜的氣息，這種氣息也讓十月的內心越來越平靜，老闆娘看著她的時候，顯示出自己的專注與認真，這樣的親切感使得十月想起高中時候教室走廊邊被一陣穿堂風拂過的舒適放鬆感。

不一會兒，老闆娘的視線轉向廚房的方向，似乎想到了什麼，有點疑惑地問道，「那妳……」老闆娘停頓了一下，「看過那麼多難忘的風景，為什麼又想喝一碗奶白鯽魚湯呢？」

十月陷入了回憶當中，「以前我以為魚湯只是一碗再普通不過的魚湯而已，可是在這裡，我煮過鯽魚湯，第一次沒有經驗，沒有煮成奶白色的成品，後來我才知道，我忘記先把魚煎一下了。」

「有時，異國他鄉的美景固然賞心悅目，可還是只有家的味道才能給我真正的滿足。其實，我一開始說的，熟悉的地方沒有風景，像是我給自己找的藉口，我可以順著這個藉口一直義無反顧，昂首闊步地向前走去。熟悉的風景，背後是熟悉的記憶，我不願意被這些牽絆住自己的腳步，可是越來越覺得，我的自由與張揚，好像一種逃避的方式。」十月低下頭：「我也覺得，自己的感情有點淡漠，在這裡，我很少想家，可是當夜晚孤獨一個人的時候，我會突然想起魚湯的味道，想到媽媽將魚切塊，煎過後再細細熬煮成奶白色的濃湯。饑餓的時候，不僅胃是空的，心

也是空的，當飢餓的本能戰勝了大腦思考的理性，我好像就突然明白了，自己是從哪裡來。食物的背後，不僅帶給我飽腹感，更是一種遍佈全身的溫暖和無可替代的歸屬感。我花費了很大的力氣四處遠遊，現在才感覺到那根若有如無的線一直在我手中，連結著我與家，這根線可以被拉得很長很長，可是它永遠不會被扯斷。」

十月說完這些，好像自己一直緊繃的神經也放鬆了，握緊本子的手也漸漸放開。「祖露了這麼多，現在，喝喝看妳點的魚湯吧。」老闆娘把魚湯端到十月的面前，昏黃的燈光下，魚湯的味道讓十月有些恍惚，她突然有種踏上歸途的衝動。

「謝謝妳們，這碗魚湯讓我又充滿電啦。」十月走出餐廳，她看著夜幕下的繁華街道，感覺內心的小缺口被一碗魚湯填補上了。

花蓮奇遇

郭梓鋒

　　小皮是從大陸來的，作為交換生來到台灣學習一年，他最近差不多花光了所有的生活費。但聽說有家叫梧葉食單的餐廳有種以故事換食物的特色，他便搭乘捷運來到了台北。小皮來到餐廳門口看到了店前張貼的海報，確定了這項服務的真實性，便推門進去，向老闆娘要了一份空白的菜單。

　　老闆娘拿了份菜單，坐在小皮的對面問道：「小夥子，你想吃點什麼呢？」小皮看了看服務台，說道：「彈珠汽水吧。」「再來一份李莊白肉」。「好的，請稍等。」小松說道。

　　小皮看了看老闆娘，想著先來一段自我介紹。說道：「我是從大陸來的交換學生……。」

　　「大陸來的呀，覺得我們這裡和大陸有什麼不同嗎？」老闆娘打斷他的話。「其實也沒什麼太多不一樣，就是感覺這邊的行動支付不是很多，都要付現金，一開始有點不適應。對了，這邊的彩券比大陸貴好多！」小皮突然想到了這點，心中隱隱作痛。老闆娘也沒有想到面前的小夥子還是一個彩券愛好者，笑了笑問：「你經常去買這種東西嗎？」「對啊，不知道為什麼有點控制不住，在大陸也就 2-20 人民幣就可以買好多彩券了，這裡大約要幾百元台幣，甚至幾千元台幣，一下子就沒了。」老闆娘大吃一驚：「這是個不好的習慣呀，沒人管管你嗎？」「有啊，我女朋友經常罵我，說我像個小老頭，天天買彩券。」「哦，她也

和你一起來台灣讀書嗎？」老闆娘顯然對彩券不是很感興趣，想岔開話題。「沒有啊，不過她前些天從大陸過來找我玩。」「就講講你們玩的路上比較難忘的故事吧。」老闆娘眼睛亮了一下。

小皮想了想說：「去花蓮，最難忘。我們在花蓮自己租車遊覽了一天。」「哇，你考到國際駕照了嗎？」小皮笑了一下：「沒有啦，我只有大陸駕照，按道理不能在這邊開車的，可我女朋友向車行老闆撒了一下嬌，他就把車租給我們了。」「那你在大陸應該經常開車吧，花蓮的路很難走的。」「我去年才考到駕照，半年沒開了，一開始真的有點怕，剎車、油門都不太分得清楚，在平路慢慢適應了一段，就敢放開速度來開了。」

「不過到了太魯閣，那邊的山路真的很難開，很陡峭還有好多隧道。雖然沿途的景色很美，我女朋友不停地拍照、發出感慨，可是我只敢牢牢的握住方向盤，仔細的看前面的路，第一次覺得自己掌握了兩個人的生命。」小皮笑道。「你覺得太魯閣怎麼樣呢，我上次也有帶店員們去，覺得蠻不錯的。」「對啊，太魯閣的九曲洞路段，這段險路九折十八回，入口處石壁上還有黃傑所書的『九曲洞』與書法家梁寒操所書寫的『九曲蟠龍』摩崖大字。在這裡真的彷彿正處於天地接縫間，那種與天與地合而為一的感受，真是奇妙無比。」

「對了！還有燕子口盡頭的那個大斷崖，我覺得所有人來到這裡應該只有一個表情吧。」「什麼表情呢？」「難以置信吧，因為一半的面積成了高聳入雲端的絕岩峭壁，而另一半的山壁則成為深入水中的崖面石牆，這高低落差如此大的的大斷崖，架構

出氣勢磅礴、雄偉壯觀的浩瀚無垠，太過震驚了。抬頭仰望藍天，天空因兩岸山勢實在太過高聳，只剩下一道細細的岩縫透出些許光芒，這好像就是我們在課本中學到的『虎口線天』吧，以前只在地理書上看到過，現在卻是親身體驗了，大自然真是神奇啊！」「對啊，當初去的時候我們也很驚奇呢。」

「你們去七星潭玩了嗎？那邊的景色也不錯呢！」「七星潭……」小皮有點神色尷尬，說道：「去是去了，可是這個地方給我留下最深的印象可不是它的風景。」「那是什麼呀？」「一張罰單」小皮答道。「你們是被查到了嗎？」老闆娘有點擔心的問道。「那倒沒有，我們停車的時候，不想靠旁邊的車太近，車輪就有一點超線，結果出來就是一張罰單了。」小皮有點無奈，掏出手機給老闆娘看看他的停車照片與罰單照片。老闆娘笑道：「還好只是罰單，沒有發現你無照駕駛。不過花蓮的交通警察和台北這邊的很像呢，也很愛開罰單就因為一點點小事。」「何止台北，大陸的交警也是這樣。或許全世界的交警都一樣吧。」小皮笑道。「天下交警一家親吧。」

老闆娘補充說：「晚上我們還去了夜市，夜市就比較方便了，很多用支付寶可以付款，折扣也挺大的。正好那天是中秋節，我們在夜市也吃了烤肉。」「你們在大陸過中秋也是烤肉加柚子嗎？」「那倒沒有，我們基本是吃月餅、賞月，福建會有博餅的習俗，各地的過法各有特色各有不同，但是團圓的願望是一致的吧。」「你好，你的李莊白肉好了，還有這瓶彈珠汽水。」小松把菜端上桌子。老闆娘說：「請慢用，看看飯菜還合胃口嗎？」小皮夾了一塊白肉蘸了蘸醬放入口中細細品味，說道：「嗯

嗯，像極了我在上海和我兄弟吃的那家的味道，謝謝老闆娘的款待。」「喜歡就好，慢用，希望你在台灣有更多精彩的故事！也可以和更多人分享你的精彩。」「嗯嗯，一定的。」小皮想著一定要在一年的時間裡遊遍台灣的美景、吃遍這裡的美食、看盡這裡的風土人情。

　　這時候，門口走來一個披頭散髮的毛頭小子，老闆娘熱情的向他走去，開始了她的又一個故事。

她們

韓燕蘭

「十三，晚飯吃什麼呀？」一下課夏天就興奮地對著還在低頭收拾課本的十三問道。

「妳自己去吃吧，我先走了」十三頭也不抬地冷冷地回答著，背上包留下夏天一個人在風中凌亂。

「奇怪，怎麼旅遊回來之後，十三就變得怪怪的呢？」夏天不解的嘟囔著。

十三低著頭走在路上，回想起在前不久在旅途中遇到一禾。

十三原本以為對一禾已經沒有感覺了，當再次見到她的那一刻，十三的心裡有一場海嘯，她安靜地站在那裡，看著一禾，沒有人知道，她沉默下的欣喜與難過。

十三站在十字路口望著紅燈出神，綠燈亮起，馬路對面的行人匆匆而過，她就站在那裡，一動不動。「咕…咕…咕…」思緒被肚子傳來的「抗議」拉回。十三抬頭看了眼紅燈，看著它一秒一秒減少，直至綠燈亮起。然後大步走到了對面，見到一家日式古樸的店。

「妳好，想吃點什麼呢？」伴隨親切的問候而來的還有一個溫暖的笑容。

十三看了看女服務員問道：「嗯……妳們店裡有什麼招牌菜嗎？」

「我們老闆娘最近特別推出『以故事換食物』的服務,即給客人一張名為『梧葉食單』的空白菜單,由客人寫下自己當下想要的食物,店裡免費提供,但客人要講一個自己的故事給老闆娘聽作為交換。若客人不知道想吃什麼,則先講故事,由老闆娘特別訂製食物贈予他,此時會在食單上寫下這個食物特別的名字。」小松臉上仍舊帶著讓人舒服的笑容。

「我想吃水餃,番茄雞蛋餡的。」

「您想喝點什麼嗎?」

「來杯芬達吧,嗯,算了,還是來杯可樂好了。」

「好,請您稍等一會哦。」

十三望著不遠處在地板上玩線球的柴犬,想起了之前和一禾一起去寵物之家做義工時,那隻一直纏著她們倆的蠢萌蠢萌的柴犬,也是一樣愛玩線球,死死咬著一禾那件毛衣的流蘇不放,誰讓那個看起來那麼像逗狗繩。每次看到柴柴的表情都控制不住自己嘴角上揚的弧度,畢竟行走的表情包這個外號可不是白叫的。柴柴笑起來真的很療癒,不論心情再怎麼不美麗,看到柴柴的笑容,還是會會心一笑。

「牠叫小柴,是我們店裡的活寶。喏,這是妳要的水餃和可樂。」好溫柔的聲音,十三忍不住盯著面前的人出神,看來應該就是小松口中的老闆娘了。

「謝謝。」十三頓了一會兒向老闆娘說道:「如果妳發現妳以前喜歡的人原來也喜歡著妳,妳現在還會想和她在一

起嗎？……前幾天我和好友相約去墾丁，沒想到竟然會遇見她……。」

「墾丁，台灣的天涯海角。位於台灣最南端，素有國境之南之稱……。」

「在這裡，有來自太平洋的風，有碧海藍天的海濱風光，有浪漫熱情的音樂節，還有充滿熱帶風情的恆春古城……。」

「這裡還是許多台灣小清新電影的取景地，從《那些年》到《海角七號》再到《我在墾丁天氣晴》……。」

十三流覽著網頁上的資訊，低頭在旁邊的本子寫下密密麻麻從網上看到的景點美食推薦和交通住宿注意事項，然後抬起頭盯著對面看著手機螢幕『姨母笑』（註：姨母般的微笑，網路流行語，形容女生看到喜歡的人事物時，露出一種慈愛、寵溺、疼愛的微笑）的某人說：「喂，雙十假期快到了，出去玩嗎？不要把大好時光浪費在宿舍了，出去見見活人吧。順便呼吸一下新鮮空氣，你看看你都要發霉了。」

「好啊好啊」夏天頭也不抬仍然盯著手機螢幕滿臉姨母笑的回答著。

「喂喂喂，妳聽到我跟妳講什麼了嗎？」

「知道。去墾丁玩嘛」

「知道妳還不幹活，別再看劇了，快點找攻略……」十三手一抬拍在夏天的後腦勺上。

「喂，妳這麼暴力，小心以後沒男人要妳。」夏天摸著自己被打疼的後腦勺憤憤的說道。

「妳想再被打一次嗎？幹活！」十三皮笑肉不笑的說完這句話，然後在電腦前接著把剛剛的各種景點介紹和遊記看完。

買好車票，做好攻略、訂完房間也和包車師傅聯繫好了……，一切準備就緒，就等假期到來。

日子一天一天過去，假期也如約而至，坐上了從台北到高雄的台鐵，台鐵的轟隆聲很有節奏，搖晃著車廂，輪子碾過鐵軌，大地一寸一寸地震動。高雄本來是不在這次出遊計畫內的，只是某人一直叫囂著將近五天的小長假，怎麼可以只去墾丁？十三拗不過只好妥協了。

「妳跟司機大哥講了我們行程改變的事嗎？」十三漫無目的地看著從眼前一片片掠過的景色，對著旁邊那位舉著手機朝向窗外風景一直拍不停的夏天說。

「啊啊啊，忘記了。我馬上聯繫他。」過了不到一分鐘，夏天開心地搖著十三的手臂說「司機大哥回了說可以，還說包車就是為了讓我們能去想去的地方，雖然還沒見到司機大哥，不過好期待見到他呀，一定是一個很溫暖的人……」十三會心一笑，這是來自素未謀面之人的溫暖。

抵達高雄已經是下午了，十三和夏天找到在網上訂的民宿入住後，洗漱完畢便躺在床上休息了。

第二天早上出門時看到司機大哥已經在門口等著了。司機大

哥看到十三和夏天微笑地打招呼道：「早上好啊，吃早餐了嗎？」
夏天開心地回應：「吃啦，司機大哥怎麼稱呼呀？」「于周，你
們可以叫我大魚，哈哈哈。」「大魚哥好。」

不知不覺夜幕降臨，十三和夏天也回到民宿休息。十三躺在
床上刷朋友圈，腦海中浮現出當年高考畢業後，她和一禾曾經約
好畢業旅行一起來台灣，後來因為種種原因沒能實現。現在雖然
來了台灣，可是在身邊的人卻不是她了。

十三終於抵達台灣最南部。這是她和一禾曾經約定好要一起
達到的地方。「來到這裡的應該是兩個人。」一禾喜歡南方，每
次旅行她都會往南走；十三喜歡北方，每次旅行她都會往北方走。
關於畢業旅行往北還是往南一定沒有定數。於是她們約定好，高
考誰的分數高，畢業旅行去哪裡就聽誰的。可是畢業後她們卻再
也沒有聯繫過。

十三望著一望無際的海面，大喊著「啊啊啊啊……羽一禾，
妳這個王八蛋……」

夏天不解地問道；「羽一禾是誰？」

「啊啊啊啊……十三，我就是個王八蛋……」

十三愣住了，一禾怎麼可能在這裡？她現在人不是在大陸
嗎？一定是幻聽！

隨著遠方的黑點一點一點在眼前放大，越來越清晰的身影展
現在眼前，十三才終於瞭解這不是幻聽，真的是一禾，她就這樣
活生生的站在她的面前。

「妳怎麼會在這裡？」十三不相信地死死盯著眼前的人，害怕只是自己的錯覺，怕一眨眼她就消失了。

「我已經錯過妳十八歲的生日了，不想再錯過妳二十歲的生日。十三，生日快樂。」

夏天看到這裡，就識趣的避開了，去和大魚哥玩。

十三不知道該說什麼，久久才回過神來：「謝謝。妳怎麼知道我在這？」。

「有心要找一個人又怎麼會找不到呢？」

「妳是特地來找我的嗎？」

「嗯。」

就這麼簡單的一個字，讓十三的內心掀起了一場海嘯。

「當時可是我贏了，我們約好要一起來台灣最南部打卡的，雖然遲了兩年才實現這個約定，不過還好沒有缺席。」一禾看著十三微笑地說道，然後伴隨著海聲，十三聽到了她心裡一直不敢問出口的問題的答案。「其實之前我和他在一起的時候，有一個原因是不想承認自己喜歡女生，後來分手的其中一個原因是因為不想妳難過。本來想等畢業了，好好整理自己的感情，後來聽說妳有男朋友了……我就跟自己講說算了吧，妳怎麼可能喜歡女生呢……。」

「我當時也只是想證明自己其實是喜歡男孩子的，後來實在騙不了自己，就分手了。再後來我們各奔東西，妳也有了自己

的新朋友，看妳過得很好我也就放心了，不過也怯懦了。我如此平庸，怎麼談喜歡？要不是妳先提及，恐怕我一輩子都說不出口吧……。」

海風和海水鹹鹹的味道混在空氣裡，可是卻充滿著令人莫名的幸福感。那一天十三見到了最美的夕陽、最美的海和最美的人。大魚哥載著十三和夏天以及一禾一行人回民宿休息。

深夜裡，十三光著腳，穿著睡衣，看著一禾熟睡的臉龐和均勻的呼吸聲，失神了。十三慢慢靠近，而後又遠離，忍住了想親下去的欲望，翻身入睡。

那天晚上十三失眠了。

第二天十三送一禾到機場後目送她離開，小聲地用只有自己才聽得到的聲音說：「謝謝妳在我喜歡著妳的時候也喜歡著我。」

十三望著老闆娘落寞的說道：「如果當初我們勇敢一點，結局會不會不一樣？」像極了一個做錯事情的小孩。

老闆娘摸了摸十三的頭，用她那溫柔的聲音安慰道：「龍應台在《目送》中說過這樣一句話：『人生由淡淡的悲傷和淡淡的幸福組成，在小小的期待裡、偶爾的興奮和沉默的失望中度過每一天，然後帶著一種想說卻又說不出來的『懂』，做最後的轉身離開。』人們總愛說如果如果怎麼樣，早知道早知道怎麼樣，要是人生真的這樣如你所想按部就班的話，那該多無趣啊。你要知道，愛情這種東西，沒有標準答案。愛活在心上，不受誰的決定改變方向，你真愛過，這就是答案。」

　　十三回到宿舍，夏天仍舊看著手機螢幕發出了姨母般的微笑，頭也不抬地問道：「十三，明天早上吃什麼呀？」

　　十三看了一眼夏天，沉默了好久說道：「夏天，其實我是雙⋯⋯」

　　「嗯。我知道了。所以我們明天早上吃什麼呀？」

　　夏天按下暫停鍵，抬起她那一張人畜無害的臉可憐兮兮的問道。

　　「那去小小麥吃三明治怎麼樣？」十三釋然微笑回應著。

　　「好啊！好啊！我要一個烤吐司火腿加蛋，還想要一杯可樂⋯⋯。」念叨完，夏天按下播放鍵繼續追她的劇了。

　　十三微笑地看著夏天，小聲地在她耳邊說道：「謝謝妳。」

友

朱小雙

　　下午六點，又到了吃飯的時間，敏敏今天已經在台北逛了一天，中午在馬辣吃了火鍋，現在感覺不是很餓，但吃飯時間總是要吃點什麼。她想著今天一整天都鬧哄哄的，吃完飯還要去擠捷運，不如找個安靜人少的地方稍微吃點東西。她一邊想著一邊拐進了一條小巷，用眼睛搜尋著有沒有什麼誘人的美食。

　　這時她看到在前面的十字路口拐角處，有一家店鋪隱隱亮著。走近，店鋪外的籬笆裡種著鬱鬱蔥蔥的植物，透過窗戶，店鋪內是日式裝潢，乾淨的木結構，有人在裡面慢慢用餐。原來是吃東西的地方，再一抬頭，上面寫著「梧葉食單」四個大字。

　　敏敏毫不猶豫地走進去，注意到一進門左邊牆上貼著一張紙，最上面寫著「以故事換食物」，故事？換食物？敏敏有點疑惑，再往下看，「客人可在店裡提供的空白菜單上寫下自己想要吃的食物，店裡免費提供，但作為交換，客人要把自己的一個故事講給老闆娘聽。若客人不知道想吃什麼，則先講故事，由老闆娘特別訂製食物贈予他，此時會在食單上寫下這個食物的名字。提供中西餐、日韓餐、各種常見家常菜，以及各種酒類、飲品、甜點，地方特色的食物除外」。

　　剛看完，敏敏就聽到一聲溫柔的「進來坐吧。」轉過頭，一個看起來 20 歲出頭的，臉上帶著溫柔笑意的可愛女孩正靜靜地看著她。「我叫小松，我安排你入座吧。」敏敏坐下問，「真的

講個故事就行嗎？」

「是啊，講個故事就行，妹妹有什麼想吃的菜嗎？只要不是什麼地方才有的特色菜，我們這裡都能做。」說著，一個看起來年齡比小松稍大，打扮精緻的女人走了出來。說完她又笑道，「忘了自我介紹，我是這裡的老闆娘，也是妳要講故事的對象。妹妹叫什麼名字？」

敏敏趕緊答道，「叫我敏敏就好，我想吃番茄炒雞蛋，裡面有青椒丁的那種，不要太甜。只是……我還沒想好講什麼故事。」

「沒事，趁菜還沒上來，我們來聊聊天，聊著聊著故事就出來了。」，老闆娘說著就坐到敏敏對面。

「敏敏你是大陸人？」

「嗯，我是陸生，在淡江大學交換。」

「這學期過來的？交換多久？」

「從這學期開始交換一年。」

「我能問問妳為什麼點番茄炒蛋嗎？」

「我很喜歡吃番茄炒蛋，在家常吃，可來台灣以後就沒吃過了，很想吃。我媽做的番茄炒蛋超好吃，就連我最好的朋友的媽媽都來取經，說我朋友回家以後讚不絕口。」敏敏看著老闆娘，臉上一派自豪神色。

「看來真的很好吃，希望我們店的不會讓你失望。你來台灣也幾個月了，有去哪玩嗎？」

「去過澎湖、台南、嘉義、台中還有野柳。」

「澎湖？居然跑這麼遠。」

「之前國慶假期比較長，所以想著去遠一點的地方，就去了澎湖。」

「澎湖有什麼好玩的嗎？」

「澎湖的吉貝挺不錯，我來台灣看的幾個海裡，吉貝的海是最漂亮的了，我還去撿了不少貝殼。」說著，敏敏掏出手機，讓老闆娘看她拍的貝殼照片。

「看起來撿了不少嘛，是要收藏？」

這時小松從廚房走了過來，手中端著一盤菜，雖然還未走近，敏敏就已經聞到了飄散過來的香味，她想一定是她的番茄炒雞蛋。她的猜測沒錯，小松一直走到她桌前停住了，將菜輕輕放在敏敏面前，「這是您點的特製番茄炒蛋，請慢用。」

老闆娘微笑著說：「嚐嚐看怎麼樣。」

敏敏看著這盤特製番茄炒蛋，黃色的雞蛋配著紅色的番茄丁，其間還有不少綠色的青椒丁，看起來非常美味。她吃了幾口，覺得雖然比起媽媽做的還是有點差距，但也非常好吃，感覺饞蟲都被勾了起來。她連吃了幾大口後想起老闆娘的問題，慢慢回答道：「不是，是要送人。」

「送人？」

「嗯，送給我最好的朋友。」

「為什麼想要送貝殼呢？」

「因為，我從小在內陸長大，在來台灣之前都沒有看過大海，我從小都想有一天能看到大海，可以在海邊撿貝殼。我這個朋友有一年寒假去海南度假，回來的時候帶了很多好看的貝殼，其中有三枚特別好看。我特別喜歡其中一枚紅色的小貝殼，就問她能不能送給我，她當時說不行，因為能撿到這麼好看的貝殼很不容易。但是後來我生日的時候，她把這枚貝殼送給了我，我非常感動。我當時就想，總有一天，我會撿到這個世界上最好看的貝殼，然後送給她。而且後來她說她有深海恐懼症，以後可能都不會去海邊了。這就更堅定了我這個想法，雖然我這次去吉貝已經撿了不少貝殼，但我總覺得不滿意，怎麼想都沒有她送我的那枚好看，我以後還要一直撿，直到找到那枚能讓我滿意的貝殼。」

「看來妳們的關係真的很好。」

「嗯，她是我最好的朋友。我是那種很冷淡的人，不會維持和別人的關係，雖然也會有玩得很好的人，但維持下來的沒有幾個。而且我的性格也不好，但是這麼多年來，她一直都在包容我，所以我們才能做了這麼多年的朋友，我想好好珍惜她，想給她我能給的一切，她值得最好的東西。」

「妳們認識多久了？」

「有十年了。說起來挺不可思議的，我們認識這麼久，卻從來沒有吵過架、生氣過。我們性格很合拍，就連興趣愛好和喜歡吃的東西都很相似。我不是喜歡社交的人，上了大學以後越發覺交朋友很困難。即使有一、二個關係不錯的，比起小時候認識的

那些人來說還是疏遠很多。同時我也覺得人對朋友的需求量其實非常低，我是說真正的朋友。一個人其實從來都不會缺可以一起吃喝玩樂的人，但真正的朋友卻非常稀少。我覺得我和她就是這種關係，在這一點上我覺得自己非常幸運。」敏敏說著，吃完了最後一口菜。

「是啊，妳看，妳還說沒什麼故事可講，我想妳和她的故事一定很精彩。」

「大概是吧。謝謝老闆娘招待，菜很好吃。我就先走了。」

「謝謝，有機會還要再來哦，下次認真跟我講講妳和她的故事。希望妳早日找到那枚滿意的貝殼。」

「謝謝。」

敏敏走出店門，吃完飯覺得胃裡暖暖的，說了許多話，心裡也覺得暖暖的。她向前走了幾步，又回頭看了一眼這家店，想著，以後一定還會再來的。

海港之夜

阮瑩瑩

　　「叮鈴鈴」，一陣清脆的鈴鐺聲響起，正在擦桌子的小松抬起頭來，看到三個臉龐稚嫩的女生走進來。她停下手中的動作，向剛進門的她們打了一聲招呼「歡迎光臨！」然後把抹布放到一邊，整理了一下圍裙，走到女孩們面前。

　　三個女生邊說話邊坐下，把背著的包放在身邊的另一個椅子上，小松遞上一張空白的菜單，一個留著長髮的女孩接過菜單，翻開以後皺了皺眉，「你是不是拿錯了？這上面什麼都沒有啊」。

　　小松在旁邊偷偷觀察她們，說話的女孩留著過肩長髮，茶色的頭髮像是剛染好的，戴著圓圓的眼鏡，說話的時候語氣輕柔，脾氣很好的樣子。她左手邊坐著的女生留著長長的捲髮，不過不像是精心護理過的，倒像是自然捲，看起來有些凌亂。對面坐著的是一個綁著馬尾的女生，從坐下來後就一直低著頭看手機，臉上一直都沒什麼表情。

　　小松輕輕地微笑，對她們說「三位是第一次來這邊吧？難怪呢！我來解釋一下吧。」小松從女孩手中接過菜單，翻到最後一頁，上面寫著「用故事換食物」幾個字，然後攤在桌上。

　　「我們這裡沒有菜單，客人想吃什麼直接說就好，只要妳說得出，我們做的出來。但是……」，小松停頓了一下，故作神祕，「這些食物是要用故事來換的，不需要付現金。」「啊？」那個低頭玩手機的女孩這時才把頭抬起來，一臉困惑地望著小松。

「也就是說，妳只要對老闆娘講個故事，就能用餐啦，想吃什麼都會有哦」。

「我們講什麼好呢？」茶色頭髮的女生左手托腮，右手食指在菜單上點了點，像是在思索。

「講什麼都好啊！重要的是不要錢欸」，一直不說話的捲髮女生終於開口了，臉上露出欣喜的神色。

「那你先去忙，我們想好了再叫你」捲髮女生接著說。

「好的，不急，慢慢來」，小松收起菜單，微笑著轉過身，對坐在收銀台後面的老闆娘笑了笑，老闆娘正用一種充滿好奇地眼神看著那三個女孩。

「想好啦！」捲髮女生轉過頭，對著收銀台喊了一聲，老闆娘聽見後，放下手裡的書，對著桌上的鏡子攏了攏頭髮，就朝她們走了過來，坐在馬尾女孩旁邊的空位上。馬尾女孩把椅子往外挪了挪，調整了自己的坐姿，腰背稍微挺直了一點。

坐下來後，茶色頭髮的女生對她說，「姊，我們決定講出去旅行的時候，在回民宿的路上發生的事。我叫林致」。

旁邊的捲髮女生舉起右手，笑著說「叫我阿九」，坐在老闆娘旁邊的馬尾女孩依舊在玩手機，頭也不抬地說了一句「方宇」。

老闆娘露出優雅的微笑，對她們點了點頭，「妳們好！」。

「是這樣的，雙十假期的時候，我們三個一起去了九份，在基隆訂了民宿，那天早上天氣陰沉沉的。我們在九份逛了一下

午，到了晚上八點多才坐上公車，但是那輛車不直接到住的地方，我們坐到一半還得轉車。下車以後又等了好久，才等到最後一輛可以回民宿的公車。

　　我們當時只知道那輛公車可以到住的地方，並不熟悉路，也不知道應該在哪個站點下車。問了一下司機，司機也沒多說，就說這一站下車就能到，我們幾個就下車了。」林致邊回憶邊說。

　　「但是下車以後，我們都因吃驚而發呆了。那個地方特別荒涼，沒有商店，沒有人，路邊的房子們都緊緊地關著，只有遠處才有幾個透出微弱光亮的路燈。」她說話的時候眼睛一直望著老闆娘，老闆娘點點頭表示回應。

　　坐在她左邊的阿九忍不住說了一句「雖然我們是三個人結伴去的，但是在這麼荒涼，連半個人影都沒有的地方，又是三個女生，心裡還是挺慌的。而且我們又不認識路，天還黑，連遠處的建築都看不清，根本不知道該往哪裡走。」

　　「那個司機一句話都不說，也不提醒一下，就讓三個女生在這麼荒涼的地方下車，太不負責任了」，一直在老闆娘旁邊安安靜靜滑手機的方宇突然插了一嘴，帶著些許不滿。

　　「我用手機導航查了一下路線」，林致接著朋友的話繼續說。「但是……」她停頓了一會兒，露出無奈的笑，「查到了也沒用，我們分不清東西南北。按照導航的顯示，應該往前走，但是前面根本沒有路可以走」。

　　這時小松為她們端上一壺菊花茶，替每個人都倒了一杯，默

默地轉身離開，眾人輕輕道謝。

　　林致接著說「後來我就們順著唯一一條能走的路一直往前走，走著走著漸漸有了一點燈光。那個地方是一個港口，停了好幾艘船，船上掛了一個亮著的燈。因為是港口嘛，靠近海邊，到了晚上海風也比較大。本來還覺得有點嚇人，但是看到夜晚的港口，突然覺得這也是一個不錯的體驗，算是旅行路上的小插曲吧。我們在港口拍了合照，海風一直吹，拍出來才發現我的頭髮被吹得亂七八糟，全糊在臉上了，而且那張照片也很有意思。」林致說著說著就笑了，「照片上她笑得特別『怪異』」，說著，就用手指了指旁邊的同伴。

　　一旁的阿九無奈地低下頭，晃晃腦袋，「我笑得好像要吃人了」，說完後又轉頭，著急地問朋友「我平時也是那麼笑的嗎？平時也是那個樣子嗎？」

　　「不是啦，不是，妳平時不是這樣的」，林致忙笑著解釋。

　　「妳平時很優雅的，放心吧」，方宇補了一句，特意加重了「優雅」兩個字，說完自己也沒忍住笑了。

　　老闆娘看著這三個年紀輕輕的小姑娘，聽她們互相調侃，在心裡默默感嘆一句「年輕就是好」，端起杯子輕呷一口。

　　「最後我們當然還是成功回到民宿啦！民宿在山上，我們正打算抄小路爬上去的，這時候正好有一個好心的大叔騎著摩托車經過，對我們喊了一句『下雨的晚上不要走草叢，會有蛇』，我們聽了以後立馬停了下來，那個時候他騎著車已經走很遠了，我

們對著背影說了好幾聲謝謝，然後老老實實從大路走。」林致講完，拿起桌上的杯子喝了一大口。

「其實那天晚上回到民宿以後，阿九還摔了一跤，當時我就在旁邊，目睹了整個過程。好玩的是，我先聽見她『哎』了一聲，然後才看見她慢悠悠地摔倒，整個人側躺在地上」，方宇轉頭看向老闆娘，手指向斜對面的阿九。

阿九聽見自己的糗事，不好意思地用手摸摸後腦勺，「那時候剛從浴室裡出來嘛，鞋子有點濕，地上還挺滑的。當時你們看見的可能只有摔倒那一瞬間，但是那一瞬間我大腦飛速運轉，在想該怎麼摔倒才不會摔得太痛，最後覺得還是側著倒地比較不疼。你們看見的只有一秒，但在我腦子裡可能是十秒。果然人還是在危急的時候腦子轉得快，最聰明。」

「是啊是啊，妳最聰明了」，旁邊的林致兩隻手輕輕鼓了鼓掌，還比了一個大拇指，阿九又害羞又傲嬌地別過頭。

「真是個不錯的經歷啊！不過出門在外一定要注意安全。」老闆娘笑了笑，站起身來，走到旁邊的通道，「想吃什麼說就是了，我們會根據妳的要求提供。」

「我想要麵，味道辣一點，加上牛肉」阿九率先說。

「那我要一份咖哩雞飯吧」，林致接著說道。

「雞蛋麵」，方宇最後開口。

「好，那妳們稍等，一會兒就會送上來」老闆娘在心裡記下三個人各自的要求，走向廚房。

日月可鑒

胡續燁

　　台北的冬夜並沒有想像中那麼溫暖。凜冽的寒風伴著零稀的冰雨拍打著路上的行人，每個人都撐著傘，裹緊大衣匆匆走著。可是有個 20 歲左右的青年跟蹌地走在街上，彷彿沒有知覺一般任由風雨拍打在臉。

　　「唔，梧葉食單？」

　　他推門進去卻沒注意到腳下的門檻，摔了個狗吃屎。阿斐和小松見狀立馬過來扶他到吧檯前，可他卻好像絲毫沒有感覺到摔倒一樣，嘴裡一直嘟囔著：「酒～酒～我還要酒～嘱～，喂！老闆娘，有酒嗎？」

　　「酒！有的是，請用故事來換。看你這樣一定是個有故事的人，來，說說吧！」

　　「她走了，可能再也見不到了。我雖然和她只在一起這一季的秋天，但此生難忘。這一切還要從我們在日月潭的相遇說起。四個月前我趁假期獨自去日月潭玩，下了高鐵坐大巴士去日月潭的時候，我突然發現身上的現金花完了。當時車已經開走了，我也沒辦法去領錢，就在司機想要趕我下車時。她幫我付了車費。她不高，一頭披肩長髮顯得她很筆挺。大眼睛，深眼窩，高鼻樑，臉有點微胖但很可愛。

　　「那這個女孩聽起來很漂亮啊！」老闆娘說道。

「是啊，我當時竟有點看呆了。等我回過神來，忙跟她說：『太感謝了，下車我就領錢還你。』她衝我笑了一下，說：『路見不平，拔刀相助嘛，沒關係的。』下車後，在我的一再央求下，她接受了我的還款。但我說要多給她一點作為報答時，她就無論如何都不要了。在一路的攀談中我知道了她也是一個人來日月潭玩，巧的是她跟我訂的酒店也是同一家。」

「那你們兩個還蠻有緣分的誒！」老闆娘有點驚訝。

「哈哈，沒錯，我當時也是這麼跟她說的。我說：『既然妳我都是一個人出來玩，又這麼有緣，那不如一起作伴，做個驢友（自助旅遊的朋友）怎麼樣？』她很大方，立馬就同意了。老闆娘，你有去過日月潭嗎？」

「我還沒有，店裡每天都很忙。日月潭怎麼樣？不如你講給我聽。」

「我們是下午去的，已經來不及坐船遊湖了，於是我們決定沿著步道步行遊湖。我們從水社碼頭出發，也沒有目的地，就沿著湖一直走一直走。日月潭的水是碧綠色的，不像其他的湖是渾濁的綠，日月潭的綠就像一塊晶瑩的翡翠一樣，在陽光的照射下閃閃發亮。我和她走在湖邊，湖邊的微風吹到身上如三、4月份的春風一般，而風吹動著她的長髮，她伸手撫動秀髮的樣子讓人沉醉。」

「那到底是景美還是人美呢？」老闆娘問道。

「景美，人更美。我和她就這麼一步一步地走著，期間我知

道了她是從大陸過來的交換生，來台灣學習生活一個學期。她對台灣充滿了好奇，她問我：『台灣人的台灣腔是怎麼來的啊？』『台灣的男生是不是都娘娘的？』『台灣街頭真的都見不到垃圾桶嗎？』『台灣人真的認為我們都吃不起茶葉蛋嗎？』我對她的問題有點哭笑不得，我耐心地跟她說台灣人民雖然不是很瞭解大陸，但對大陸的同胞都很友好的，妳在台灣會很開心的。」

「真是個可愛的女孩子啊！」

「是啊，她很活潑，很可愛。我們就這樣沿著湖邊步道，一邊吹著風一邊看著如翡翠般的湖面一直走一直走。期間她說要唱歌給我聽，她唱的很好聽。後來她也讓我唱，但我唱的不好聽。她不知道我的臉一直是紅著的。就這樣我們從天亮走到天黑，在我們回酒店的路途中，湖畔突然冒出了幾隻螢火蟲。她之前沒看到過真的螢火蟲，當她看到螢火蟲時激動的模樣，又何嘗不像是一隻發光迷人的螢火蟲呢。

第二天，我和她相約一起去坐船。划船的期間，我們經過了由蔣總統命名的光華島，意味光復中華。可惜因為地震，如今只剩下一棵樹大小的地方。在聽到導遊介紹光華島時，她眼神堅定的看著光華島對我說：『我相信兩岸一定會統一的，我相信中華民族一定可以偉大復興的，你呢？』」

「這是個有家國情懷的好女孩。」

「對，我當時看著她堅定的眼神，感受到了她對國家矢志不渝的力量。我對她說我也相信，她笑了，笑的很燦爛。在玄奘寺下船之後，我們沒有像其他遊客那樣走馬看花的看一遍就坐船去

下一個地方。而是沿著山路，前往幾乎沒有人去的慈恩塔。」

「慈恩塔？好像有聽說過。」老闆娘想了一會兒，說道。

「慈恩塔是蔣介石來到台灣以後，為紀念自己的母親而建造的。在慈恩塔塔頂可以俯瞰日月潭全景，可以清晰的看到日月潭其中的日、月。對了，老闆娘！你知道日月潭的傳說嗎？」

「哦？！你知道？說來聽聽。」

「『很久很久以前，在台灣住著一位勇敢的青年大尖和一位美麗的姑娘水社，他們相互愛慕，常常在大樹下相會。有一天，人們突然發現太陽和月亮都不見了，人們沒辦法耕耘，草木沒辦法生長。大尖和水社決心為人世間找回太陽和月亮。他們發現太陽和月亮被居住在一個大潭裡的兩條惡龍吞了下去，這兩條龍把太陽和月亮當作玩具一樣，卻絲毫不管人間沒了太陽月亮，日子已經過不下去了。大尖和水社決定殺了這兩條惡龍，為人間奪回太陽和月亮。他們從一個老人那裡得知這兩條惡龍需要埋在阿里山底下的金剪刀和金斧頭才能殺死，於是大尖和水社跋山涉水來到阿里山挖出了金剪刀和金斧頭。然後他們又回到潭邊，趁兩條惡龍玩耍之際，大尖用金斧頭砍下了惡龍的腦袋，水社用金剪刀撿開了惡龍的肚子。兩條惡龍雖然死了，但太陽和月亮還沉在潭底，於是大尖和水社摘下了惡龍的眼睛一口吞了下去。他們變成了巨人，大尖用力托著太陽把太陽頂上了天空，水社用力把月亮拋上了天空。太陽和月亮又重新出現在天空。後來人們就把這個大潭叫做日月潭。大尖和水社也化作兩座大山，一座叫大尖山，一座叫水社山，共同護佑著這一方百姓。』跟我們說這個傳說的

是慈恩塔的一個老人家，他還說我們兩個就像大尖和水社一樣。我們兩個聽到臉都紅紅的，都在偷偷地看對方的反應。」

「看來那時她就喜歡上你了。」

「應該吧，不過可以確定的是我當時已經被她深深的吸引住了。下午我們到了伊達邵碼頭，那裡有一段距離湖面非常近的步道。我們找了個座位坐在那裡，聽著湖水拍打岸邊的聲音，吹著習習的微風，看著一望無際的湖面，都癡癡的呆住了。也不知過了多久，落日出現了，她看到落日激動得又蹦又跳。這時我從身後輕輕抱著她，對她說跟我在一起好嗎？她瞬間安靜了下來，一動也不動，臉紅到耳朵也變成紅紅的，然後她輕輕的點了點頭。」

「哇！真的好浪漫啊！」

「可是前幾天她已經回去了，她在那邊有她的學業，我在這邊有我的學業。這一彎淺淺的海峽竟成了我們之間不可逾越的鴻溝！」

「唉，這是你的酒，喝吧」

青年端起酒杯一飲而盡，頭也不回的衝出了梧葉食單。

旅行咖啡

阮昕威

　　他走進店裡，點了杯飲料，這段時間他在台灣適應得相當不錯，飲食、作息、睡眠都已經習慣了，就是金錢價值觀念還有待糾正，在台灣他總可以夢見自己花錢如流水的情形，也是有點莫名其妙的。這段時間他相信很多同學和他一樣，出了大淡水，跑到台北，或者像他一樣一路向南，去自己嚮往已久的地方，看看風景啦，嚐嚐美食啦。

　　南下的十幾天裡，他不僅僅在旅途中看自然風景，看社會人文，還會在大街小巷中找創意，找自己的創作靈感。誠然，他熱衷寫作，在某網文網站經營著一個帳號，卻不出名。原因之一是他想拍攝並剪輯出一部大三這年在台灣的見聞短片，相比文字，他更想用影片裡活靈活現的畫面來表現自己的所聞所見，所以雖然他喜歡寫，卻寫不出什麼好文章來，於是攝影錄影成為他在台灣的新愛好。比如在淡水漁人碼頭邂逅日落、從 101 大樓上俯視台北這座繁華的都市、去宜蘭出海賞鯨豚、和心上人來了場說走就走的旅行和說散就散的戀愛，這些他都難以用文字生動形象地還原出來，他只能在相機裡回顧當時的美好，看見當時所未見的卻用相機代替雙眼窺見的美好。

　　其中一段旅行，令他印象深刻。那是他和一群朋友組團南下從台灣最北端繞西面前往台灣最南端的一週旅行。那一週，非常愉悅地和七人組團一起南下去墾丁，他們先是去了高雄，在民

211

宿休整行裝準備，民宿男女主人熱情好客，招待周到，他還在這裡學會了玩麻將。在高雄玩的這兩日，以著名的美麗島捷運站為始，以沙灘瞎玩告終。在那段日子裡，真的蠻快樂的，心是滿足的。想不到後來，莫名其妙的被攪局人干涉，這是後來的事。他們包車的司機是阿翔哥，為人低調不浮誇，感覺和他蠻像的，卻又不像。而後他們出發前往墾丁，在最南端的鵝鑾鼻邂逅了大雨，玩深潛，在淺海撫摸珊瑚腳踩沙土；玩真人反恐射擊，氣槍裡爆裂的聲音真的讓人很過癮。所有玩的都是沒有體驗過的事情，可以說是非常放鬆了。

而後在墾丁大道的某個音樂餐吧裡邂逅了闊別已久，眾人一直在約見的另一隊朋友。在那裡的長島冰茶並沒有給他微醺的感覺，不是很讓人痛快。在高雄的民宿家中初學了麻將，然後在墾丁的民宿家中喜歡上了麻將，回到淡水眾人還買了一套麻將。真是有意思。老實說，他原以為這些性格截然不同的八人是無法玩在一起的，沒想到這趟下來，還是發現了大家的可愛之處，自己也樂在其中，享受到了團體氛圍的愉悅。愛上旅遊，愛上出海。

說到出海，他曾構想過自己會是一個水手，長年漂泊無定處。最後在荒蕪人煙的小島上了此殘生，無牽無掛灑脫離開。可惜畢竟自己是個社會人，無法離開社會，也無法做到真正的大隱隱於市，只能十分苦惱地把自己本分的工作日復一日地去耕耘。

最近這段時間，也發生了一件讓他悲痛的事，他的女友從大陸飛來，回去時已變成了前女友。他倆在陰雨綿綿的台北見面，之前幾個月裡他算是孤苦伶仃地待在台北感受機車呼嘯而過的速

度與激情。其實他和前女友的生活從以前到現在都沒有多甜蜜，畢竟分手後還是朋友。還在念書的他們手裡也沒有鉅款，每天起床該上課時上課，該自習時自習，聊天的話題也就是一些吃什麼？學什麼？一些瑣碎的事。

她說要飛來台灣找他玩，他激動了一整晚沒怎麼睡。第二天穿了覺得最帥的一身衣服去桃園，結果見面時冷得直哆嗦也是沒辦法。第一天去了侯硐（貓村）、十分、平溪、菁桐，他覺得只有十分和貓村比較有意思。十分車站是《那些年》的取景地，人還是很多的。去十分車站就要去放天燈，超級適合小情侶，他們一起放燈，兩個人在上面寫字的時候就特別有感覺，就像一起完成一個作品一樣，分手前的最後一次合作。

第二天華麗麗的去了大台北。很慶幸台北是小雨，他們想去的景點想必眾所周知，西門町、忠孝東路和101之類的繁華區域。去西門町喜歡買買買，各種康是美、屈臣氏、日藥本鋪也走遍了，去忠孝東路逛了逛喜歡的潮牌，還有各種各樣的買手店。

沒想到分手後第一次逛街還是那麼有感覺，至少對他來說是的，在台灣他照顧不了她那麼多，感情在半年內迅速冷卻，隨之而來的不理解和抱怨成為了導火線。此行赴台，她在回去時鄭重其事地提了分手。他飲盡了面前杯中的苦汁，眼睛酸酸的。

遇見大稻埕

王璇

　　懶洋洋的太陽照到小希完美的側臉，睫毛的陰影印在臉上，小希的手在操作臺上快速的移動「媽的！又沒夾到！」不知道這是小希第幾次浪費金錢了。「不夾了，吃飯去。」說罷，小希狠狠地踢了夾娃娃機一腳便轉身離去。吃什麼好呢？小希一邊閒逛一邊尋找著晚餐的著落。突然她發現在街邊多了一家新店「梧葉食單」，小希念叨著「梧葉食單梧葉食單，『一聲梧葉一聲秋，一點芭蕉一點愁』，反正也懶得走了，就這間進去嚐嚐鮮吧。」

　　推開門，一位二十歲左右的女服務生微笑地走上前來說：「妳好，歡迎光臨，一位嗎？請坐。」

　　小希禮貌的微笑回應，找了一個窗邊的位置坐下問道：「菜單呢？」

　　女服務生連忙解釋道：「小姐你好，我們老闆娘特別推出『以故事換食物』的服務，即給客人一張『梧葉食單』的空白菜單，由客人寫下自己當下想要的食物，但是作為交換，客人需要把自己的一個故事講給老闆娘聽。如果您不知道要吃什麼，老闆娘聽完妳的故事之後會特別訂製。」說罷，小松將「梧葉食單」遞到了小希的面前。

　　小希盯著食單，拿著筆遲遲沒有下筆，故事一幕幕的浮現在眼前。小希是一名交換生，來台灣幾個月了，也發生了許多事。開學參加跆拳道社，但又覺得無聊退出了社團，所以放學後娃娃

機變成了她的新寵呢？還是講因為吃不慣台灣飯菜，飲食不規律，得了急性胃炎？

「安全帶繫好帶你去旅行，穿過風和雨…」店內響起的歌把小希的思維拉回了國慶假期。

今年國慶假期，小希和幾位好朋友約好一起去高雄、墾丁旅遊。本來是四個女生的旅行，結果隊伍不斷壯大，變成了八個人的旅行。因為是國慶，酒店房間的預訂和車票也成了問題。會議一直持續到凌晨，還是沒有結果，大家睡眼惺忪的趴在桌子上。「好了，別想了，我們就包車好了，反正他會替我們安排行程。都回去睡吧，這樣還省事。」小希從椅子上站起來皺著眉頭說道。大家紛紛表示贊同，隨後就散場了。

旅行第一天開始，大家吃完早飯便一起坐捷運到達台北車站。雖然是同學，但是不知道為什麼之間還是有距離感。到了高雄，便聯繫房東，房東人很好，親自來路口接。房東很熱情，耐心地向小希他們介紹著高雄的景點與夜市。民宿很小，但主人收拾的很乾淨。主人介紹小希可以去夜市逛逛，說這裡的瑞豐夜市很有名。反正時間還早，大家也沒有吃飯，便向著瑞豐夜市出發。小希心裡暗想：哪裡的夜市都一樣。

到了夜市之後，八個人開啟了逛吃的模式。明天還要早起，逛了不久，小希就叫大家回去休息。但是好不容易出門旅行的雁子哪肯甘休，回到民宿，立馬向房東詢問家裡有沒有麻將。房東也是好玩之人，麻將、飛行棋、跳棋、撲克一應俱全，儼然像是一個棋牌室。雁子很高興，抱著麻將跑回房間。之後又噠噠噠地

跑出來，搬桌子搬椅子鋪桌子，張羅了一桌麻將。

　　也許是因為在臺鐵睡了許久的原因，又或許是旅行之初的興奮，八個人，無一例外地想要打麻將。雁子喊著：「快來快來，弘揚一下中國國粹。」小希附和著：「就是就是，小賭怡情，快點坐下。」因為人手的問題，我們便用石頭剪刀布這種優質卻又最有效的辦法來解決如何輪換打麻將的問題。一邊聊著天，一邊吃著零食，一手打著麻將，還有奕孺一邊唱著嘻哈。在這歡聲笑語中，小希覺得之前的距離感好像消失了。夜晚的時間總是過得很快，大家戀戀不捨的結束了牌局，紛紛洗漱就寢，互道晚安，轉身各自入眠。

　　「我想要帶你去浪漫的土耳其，然後一起去東京和巴黎 ...」店裡的歌播放到這裡，讓小希回憶起旅行中的小美好。在去大稻埕的路上，小希因為太累，坐在車上慢慢閉上了雙眼。夕陽正烈，灑在小希的臉頰上，透露出小希的另一種美。車子顛簸，讓小希的頭慢慢的下滑，奕孺見狀，一把將小希的頭扶到自己的肩上。坐在車頭的小希和奕孺正好被陽光所籠罩，奕孺用手一檔，怕夕陽刺痛小希的眼。車行駛到了大稻埕，小希醒的時間剛剛好，一睜眼看到奕孺的手為她遮擋太陽。小希不好意思地笑笑說道：「謝謝」，奕孺則打趣說道：「下次可別再睡了，我的手都要斷了。」小希尷尬的撓撓頭，說罷大家就一起下車。

　　大稻埕的天太美，一半被烏雲佔據，一半被夕陽籠罩，一半是天堂，一半是地獄。這是不同於漁人碼頭夕陽的美。走在大稻埕的路上，小希不由得感嘆：「哇，好美啊！真漂亮！」便駐足

欣賞，跟在身後的的奕孺站到小希的身邊，轉頭望著小希的側臉附和道：「對啊，好美。」當然，奕孺心想美不過你，便說：「我來幫妳拍照吧。」小希便立刻擺出姿勢。「咔嚓」照片便定格在那一刻。

天下沒有不散的筵席，旅程結束了，小希心裡覺得空虛寂寞，不知是懷念墾丁的景色還是思念大稻埕的日落。

「還有雲南的大理保留著回憶，這樣才有意義 ...」歌曲播完了，小希在「梧葉食單」上寫下「雙瓜拌紅豆」， 便遞給了老闆娘。老闆娘接過菜單笑笑說：「此物最相思。」

飄向北方

王琳

　　蘆葦摸了摸口袋，發現自己口袋裡只剩 50 元台幣，他剛從一家彩券店走出來，飯都還沒吃，落魄地走在與他閩南故鄉十分相近的台北淡水巷道，這裡的街道相對比家鄉的，更多了幾分冷冽，他想家了。他不知道要去吃飯還是做什麼，他現在滿腦子裡都是空白……。

　　就在蘆葦感到為難時，他發現前面有一家名叫梧葉食單的小店，店名吸引了他，他便走了進去，裡面燈光明亮，桌椅擺放整齊，給人一種挺舒服的感覺。

　　「歡迎光臨！妳好，歡迎來到梧葉食單，請問要吃點什麼嗎？」蘆葦手裡攥著僅有的 50 元台幣，聲音發抖地問道：「請問吃一頓飯大約要多少錢？」老闆娘回答：「看妳神情恍惚的樣子，妳可以講講妳的故事，我再幫妳做菜品，故事講得好，我可以考慮不收錢。」

　　蘆葦覺得有這種好事，就開始回憶。

　　2017 年 9 月 23 日，天氣晴。

　　蘆葦和同學打算去台北故宮博物院，這是蘆葦的同學張某第一次搭捷運，站在月臺時還開玩笑說，你把第一次給了我。買完車票張同學還以為跟在大陸搭地鐵一樣，要經過安檢，其實並沒有，蘆葦就嚇唬他「把書包裡的水拿出來放在手上，等會安檢

很嚴格。」張同學也乖乖拿出來，神情嚴肅，蘆葦覺得這樣調戲張同學還挺有樂趣的。一路上，蘆葦看到捷運上的人很文明，博愛座始終留給有需要的人坐，也沒有人大聲講話，這讓蘆葦很感動，因為本來自己可以坐的，仍堅持留著給需要幫助的人，這是一種溫情，蘆葦覺得在大陸很少見。

到了士林站，下車後，就有指示去台北故宮博物院的公車路線，要去台北故宮的人還不少，在等車的時候大家也都排隊，排了一會兒，蘆葦他們搭上公車到了故宮博物院。台北故宮博物院給蘆葦的感覺是很蓬勃大氣，買票的時候出了個小插曲，蘆葦問售票人員，學生需要買票嗎？工作人員說不用，不過要出示學生證或者相關證明。

不巧，蘆葦的學生證還沒發，他和張同學就去學校官網尋找證明，最終找到了繳費清單。他們就想拿去試試，因為張同學沒帶通行證，入台通行證與繳費清單上的名字要對應才可以證明我們是這裡大學的學生，蘆葦就去諮詢處詢問，工作人員告訴他們，蘆葦和張同學是同學，去那裡跟驗票人員說明是一起的學生就可以，兩人便去驗票處表明學生身份，工作人員問哪個學校的，蘆葦說是淡江大學，工作人員連證明都沒看就讓他們進去了。這充分說明了台灣故宮博物院對大學生的關懷。

進了博物館，蘆葦和同學隨意逛逛，因為很無知，又沒有講解，他們就像無頭蒼蠅一樣到處亂逛。都說博物館是瞭解一個城市文明發展程度的重要指標，所以蘆葦很有求知欲，但沒有講解，光看文字說明是很難讀懂每個文物所包含的故事和內涵的。

同時，蘆葦發現有許多講解員帶領不同的團隊在解說文物，他們便跟著學習文物知識。蘆葦總結下來有以下幾點。

故宮博物院的文物是當時蔣介石從大陸運到台灣，大約占總文物的 23%，也就是說還有 67% 在大陸，很有可能在大陸的民間。

汝窯很珍貴，全世界僅有 63 件，故宮收藏了許多件。

高架酒杯的用處，冬天冷，燒酒，取暖，酒杯前面兩個突起，可用來控制酒量和防止鬍子沾到酒。

開片陶瓷會裂，故宮博物院有開片後不會裂的陶瓷，很是珍貴。

翠玉白菜一般是指台北國立故宮博物院所珍藏的玉器雕刻，長 18.7 公分，寬 9.1 公分，厚 5.07 公分，利用翡翠天然的色澤雕出白菜的形狀。近年來與列為中華民國國寶的毛公鼎，以及同樣屬於重要文物的肉形石合稱「故宮三寶」。

蘆葦還和張同學買了一些紀念品，這些文創的東西具有藝術價值和經濟價值。

蘆葦跟老闆娘分享了這一段初來台灣的感受，老闆娘就吩咐廚師去做菜了。

藍藍

張錦華

　　小花來到這家著名的「梧葉食單」餐廳，一進門就看到一位身穿藍色衣服的女生在整理桌子，另外老闆娘在櫃檯旁安靜地讀著一本書，當看到小花進來後微笑著招待她坐下，「我是來分享我的故事的，但我不知道該吃什麼，我可以先講我的故事嗎？」老闆娘說好。

　　由於住在內陸，小花從小就對大海充滿了幻想，在電視上抑或是手機上看到那麼湛藍的海，不知道真正看到它的時候會是什麼感覺。除了大海外，小花也想看到船，一艘可以在廣闊無垠的海面上自由航行的船舶，因為在她身上亦有一種水手的氣質，總是幻想海洋的盡頭有另一個世界，總是以為勇敢的水手是真正的男兒，所以千里迢迢來到台灣探尋大海，現在她終於有機會如願以償，來到了夢寐以求的沿海城市—基隆，那麼接來下就該踏上尋找大海的旅程了。

　　小花先在網上訂了一家比較適合的民宿，民宿介紹附有室內圖，旁邊標注稱絕對是風景如畫的海景房，可以看到廣闊的海洋，從蔚藍到碧綠，從美麗到壯觀。訂好住的地方後，小花借助手機導航坐公車，在車上和司機有一搭沒一搭地聊著天，天色已經漸漸暗沉，可是還沒有到目的地，她的內心有一些急迫，無奈手機上的導航線還是半長不短。終於司機告訴她終點站到了，然後她就看到了面前像墨汁一樣的海水，難道說這就是傳說中的藍

色大海？雖然天色太晚無法欣賞到大海的美麗，但值得安慰的是海面上有一些星星點點的小光，那是很多被漆上不同顏色的貨船。

現在對小花來說的重點是——民宿在哪裡？！環視四周，空蕩蕩的馬路旁有一棟樓，樓上窗戶旁一個男人正注視著她，昏暗的燈光看不清他的臉。但很明顯，這並不是一間旅社。小花終於覺得自己必須要離開這個地方了，刺骨的海風吹得她有些冷。

沿著海港線一步一步地移動，她觀察著不同船上不同的花紋，有的較新，有的已經褪掉了顏色，看著有些年代，正思索著這些的時候，一個半舊不新的船上面的圖案彷彿動了一下，再定睛一看，原來是船的主人正在忙碌著。小花正猶豫著要不要向他打聽一下去民宿的路，大哥抬起頭驀然發現她，問道：「小妹，妳是迷路了嗎？」小花不好意思地點了一下頭，大哥沒說什麼只是笑著招手叫她再靠近一些，待慢慢走近船邊，見大哥正立在船門旁，船門開了一條縫，有些微弱的光透出來，大哥繼續問她話：「妳不是本地人吧？」小花含糊道：「喔，對。」大哥卻突然眼睛一亮，笑著說；「天這麼黑又這麼冷，不如來船上坐一下吧。」小花沒有拒絕，可是一跨進船門，她傻眼了，這裡很奇怪，太奇怪了，簡直不像一艘貨船，明黃色的檯燈旁是一張柔軟的床，羅盤和漁網掛在藍白相間的牆壁上，杯具餐具也都精緻可愛，讓這裡看起來像是一個「家」。

小花很喜歡這裡，她不由自主地坐在小沙發上，這時大哥上前遞給她一杯水，霧氣在她眼前彌漫，她接過水聽見大哥說：「小

妹，今晚就好好在這裡休息吧！」「啊？！這怎麼可以？」看小花就要起身大哥連忙解釋：「你是不是福建來的小花？這裡就是你訂的住宿啊！」「啊？什麼！」小花覺得今晚經歷的刺激太多了，她不敢相信地追問：「這裡就是山海路 129 號？」「對啊，小妹，妳沒搞錯哦，不信妳看我在網上傳的照片是不是和這裡一模一樣？」真的沒錯，對，小花不僅找到船的蹤跡，還住在了船上。聞著海水淡淡的香味，小花漸漸進入夢鄉。

海平線的第一束陽光喚醒了新的一天，小花來到了八斗子的海洋科技博物館，展開海洋的知識探索之旅。她的第一步先邁向了海洋環境主題館，在這裡獲得了豐富的海洋知識，如海平面的溫度、洋流等。此外展廳還造出了逼真的海底生態系統，展現了人們觸碰不到的海底。值得一提的是在展區一個不起眼的小角落裡展示的漂流瓶，它真的是從大海另一端漂洋過海來到此處的，也許人們會覺得這真是個浪漫的故事，但還有一些打火機擺在漂流瓶的旁邊，這些打火機都是人們隨意丟棄到大海裡，經過幾十年也無法分解，被沖上了沙灘，這不僅讓小花深思，大家彷彿誤解了大海的「包容」，利用大海的廣闊隨意將污染物注入其中，破壞大海的生態系統，長此以往大海的湛藍必將不復存在，我們應該一起守護純淨的藍色大海。

經過一段走廊，小花來到了船舶與海洋工程廳，這裡有巨型螺旋槳和逼真的船舶模型，雖然已經縮小到了原來的十分之一，可是給人感覺它彷彿即將要駛離這裡，朝著它的目的地而去。小的時候小花讀《魯賓遜漂流記》，書中寫魯賓遜想要造一艘船從而逃離孤島，面對重重困難沒有放棄反而理性地分析有利與不利

條件，經過幾個月終於完成了一艘成形的獨木舟，船的意義就是幫助水手征服大海吧。

從船舶與海洋工程廳離開後，來到了講述船舶的家的地方——船與港主題廳。港口提供船隻休息的地方，就好比一個遊子不會離家太久，雖然長大後大多數時間會忙著追逐自己的夢想，漂泊在大海上苦苦追尋，可是又有哪艘船隻會一直順風順水呢？浪濤滾滾的、具有無限威力的海洋也許一個浪頭就能將你的夢想傾翻，可是船舶還是和水手一起，勇敢地駛向目的地，在它們最受挫的時候，也總有一個港頭等著它們。

為什麼喜歡大海與船？此時此刻這個問題突然出現在小花的腦海裡，小時候她就偏愛讀和海有關的故事，如《老人與海》，老漁夫聖地牙哥與大海的搏鬥可謂悲壯，但絕不可憐。最後的成果雖然只是一副魚骨卻也是奮鬥的象徵，雖然有時候努力不一定有用，但是不努力只會越來越糟。一艘小小的船都敢於挑戰無邊無際的大海，明明知道前方困難重重，明明屢遭挫折，卻能夠堅強地百折不撓地挺住，這就是船與大海關於勇敢的祕密。生活是一場漫長的旅行，小花的人生，每個人的人生，就像大海裡的船舶，就算你不想航行，海浪也會推著你漂浮不定，與其受大海擺佈，不如掛起桅杆放手一搏，就算最後沉入大海，起碼勇敢過。

小花講完了故事，詢問老闆娘：「我喜歡藍色，有沒有藍色的食物呢？」老闆娘想了想說：「有的，請稍等一下喔。」過了一會，一杯藍色的雞尾酒就擺在了小花的面前，藍橙酒代表藍色的海洋，而上面碎冰就是海面上泛起的朵朵浪花。從此梧葉食單上就多了一種飲品，名叫「藍色的祕密」。

酒鬼花生

坐下來聊聊天吧

一頁台北

鄭媛媛

　　她起先只是想隨便找家便利商店解決晚餐,來台第三個月,新鮮感早就過去,留給她的反倒是怎麼也填不滿的空虛。成因很多,口欲無法被滿足大概是其中分量很重的一條。

　　看了一眼手錶,時鐘幾乎是要指向十一了。台北街頭不再熱鬧,人群都安靜下來,剩餘稀稀疏疏亮著燈的一些店家,和街頭幾個雨中行路的人。

　　「這個時間了,還沒吃呢。」

　　「餓了。」

　　「啊,想要吃鰻魚飯。」

　　「非吃到不可。」

　　大約是一人在台北街頭閒晃太久了,又大約是腦袋被突然蹦出的鰻魚飯填滿,本來被削減的食慾居然也被重新勾起,難得有東西想吃,她突然有了一種非吃到不可的感覺。

　　這個時間點尚在營業的店家不多,好在台北還是台北,日風西漸,雖然吃不到正宗的重慶麻辣火鍋,但要找一間口味地道的日本餐廳,倒也不是難事。

　　照習慣打開 Google map,步行五分鐘,評價四星往上,嚴苛的篩選條件除下來,剩餘不多間,其中一家馬上引起了她的

注意。評論區大家似乎都不約而同地提到了一個關鍵詞——「神祕」。

「好，就你了。」她喜歡驚喜。

推拉式的木頭門，建築從外面看起來是典型的日式風格，走進去內部保留日式餐館的座椅。不遠處稀疏坐了幾桌散客，氛圍雅緻，安靜。不錯的第一印象。

「妳好，歡迎。」說話的是老闆娘。

「妳好。」她環顧又打量了一圈店內環境，隨後把目光轉移，對上說話人的眼睛。

老闆娘眼角眉梢掛著和善的笑容，整個人籠罩著一股知性恬淡的柔光。

嗯，老闆娘好看，她對店家的印象分又加了一成。

「老闆娘，就不看菜單了，我要一份蒲燒鰻魚飯，這兒應該有吧。」

「姑娘第一次來吧？我們現在有一份特別食單。鰻魚飯我們可以提供，但我想要妳用一個故事來換，如何？」

「故事？這……」

她自然警覺起來，開始揣測老闆娘的用意和評論裡大家不斷提及的詞：「神祕」。

「哈哈，姑娘妳別害怕，如果妳好奇原因，我說，我覺得妳合我的眼緣，這樣的理由妳能接受嗎？而且想一想，12月的肥

美河鰻換一個故事，這筆交易好像怎麼也不算吃虧吧。」

她笑笑，旋即回覆說，「但不是每個人都有故事呀！我，普通一個人，無要事可言。」

老闆娘似乎看出她的心思，「還是姑娘不想說吧。」頓了一會兒，對方又發問，「這樣，妳隨便說個故事，妳的也好，別人的也好，真的假的都行。」

幾秒鐘空白的沉默。

她從來就不是個會熱衷於與別人分享人生經歷的人，但終究還是被好奇和紮實的飢餓感打敗，她點頭說了同意。

「嗯，好，那我想想。不過角度可能有點特別，我想以第三視角，跟妳說說我觀察別人的故事，怎麼樣，有沒有興趣聽？不過，單向地說故事挺無聊的，等我說完故事，妳能猜猜我是個怎麼樣的人嗎？」

「有意思的遊戲。妳說，我聽著。」

還是開口了。

第一則故事

101 世貿中心，下過雨的台北君悅，裡面不斷走出穿西裝打領帶的人，沒有年齡性別和膚色差異，大家都神情嚴肅，為著一些什麼事情奔走，大概是自助晚餐之後還有兩個小時的會議要開，明天轉機香港討論公司的年終進度安排，後天也不知道能不能趕上台中小女兒的十二歲生日宴。

有個女人不同，等公車時我的目光不自覺地為她停留了好久。君悅的車庫門口，她一身西裝，然而外面裹著的卻是寬鬆柔軟的麵包羽絨服，正裝的伶俐感就這麼被溫柔的白色外套削弱。

她看似等人的樣子，運動鞋，雙肩帆布包，嚼口香糖，黑色藍牙耳機。即使算是保養得很好，也能看出年歲大約四十有餘。

等了一會兒，她俐落地坐上一輛機車，載她的是個金髮碧眼的年輕小夥子，兩個人眼角眉梢盡是笑意，神情並無分別。

第二則故事

微風信義，手扶梯轉角是一間精品店。東洋風影響台灣深遠，衣食住行，娛樂審美，無一不觸及。精品店裡放眼紅粉一片，卡哇伊對於日本人是生產力，對於台灣年輕姑娘的吸引力自然也不會弱。由於個人偏好，我不大會為過於可愛的東西停留，經過時卻注意到了——年輕的姑娘堆裡有一個女人，她很特別。

說是女人，其實用「老太太」說不定會更加穩妥一些，女士戴著一根米色的髮圈，正在照鏡子，沒什麼特別？不，她在端詳自己，認認真真地，這就很特別。就我所知，這個年歲的女性，大多對於自己的樣貌如何已幾乎喪盡全部興趣，全部所關心的不過繁雜家事，股票樓市漲落，總之與自己無關。

不自覺走到她身邊，也學樣拿起一根頭飾，這時才能看得仔細，年輕時紋眉的印記，精心打理過的套裝，指尖的紅色指甲油，還是願意稱她作「女人」。女人真是好看，到了什麼年紀都好看。臨走前聽店員站在她身邊，念一句「真好看」。真的好看。

第三則故事

「我始終覺得，寫在書本上文字裡的，是知識和景點；親自去走過，看過，觸摸過的，才是歷史，是經歷。這是一座受過傷的城市，瘡疤自然不會在高樓林立的中心城區，於是興趣所向，我走到了這裡。

大稻埕，迪化街『阿嬤家──和平與女性人權館』慰安婦歷史紀念館。

三樓數位放映區，裡面是一些關於事件當事人的口述記錄片片斷，沒有特別的剪輯技巧，也缺少煽情的配樂和主旋律鋪墊，然而歷史就這麼切切實實地打在你臉上，身上，心上，躲不開。

就這麼安靜窩在投影下面的沙發看了半個下午的影片，身邊窩著三、兩個人，不再滑手機是現代人最高的尊重禮節。影片結束之後，大家各自散場離開，沒有交談。

紀錄片是黑白的，歷史也是黑白的。

出口有一面照片牆，滿牆是照片，是阿嬤們的現實生活。照片是彩色的。

有一張阿嬤們穿白紗，捧花球，笑得像小姑娘。」

老闆娘似乎是真的在認真聽故事的樣子，神情看上去甚至比她還專注。

所以這一次是她掌握了主動權，開始發問：「希望妳不會覺得聽我說這些無聊故事是浪費時間。那麼，老闆娘覺得，我是一個怎麼樣的人？」

「不，不無聊。相反，我覺得妳很特別。我向很多人要過故事，你好像還是第一個反問我問題的人，還是第三視角的故事。謝謝你的故事，我覺得很有意思。」

老闆娘頓了頓，接著答，「不過，就像你之前說的，不是每個人都有故事，當然我偏向於妳是不想說，不過沒關係。就像不是每個人都有故事，那我再加一句，也不是每個人都能用文字概括出來的，至少我覺得妳不是。」

「就當做我真的不想說我的故事吧。」她笑笑。

「不過聽老闆娘這麼說，我似乎還應該說一句感謝呢。」

這一次提問的人是老闆娘：「姑娘不是台灣人，那，喜歡台北嗎？」

「嗯，怎麼說。我實在不能算是『閒散』型人格，討厭浪費時間，討厭做無意義的功課和社交，討厭被打擾。超過三十分鐘的交通時間就會焦慮。所以我來這邊才三個月，這也就成了頭一個月我半步也未踏進台北的最大理由。一小時的捷運，二十分鐘的公車，天吶，一切熱情都能被磨得一乾二淨。」

一陣停頓，「記得有一堂管理學課上，老師說了一句話，他說──人生不過剩下幾十年而已，為什麼要浪費那麼多時間在交通上，有搭捷運等巴士的時間，我幹嘛不停下來看看夕陽。他隨口無心的這句話，我甚至偷偷摘錄下來放在了隨筆集裡，哈哈，我覺得說的很對。

之後情況有了變化，來台灣第二個月，從頭幾次面對一小時

捷運車程的困擾不已，到最後幾乎是三點一線的宿舍、學校、台北三地奔走也很少抱怨。時間成本沒有變，我仍舊是那個討厭一切公共交通系統的人，至於產生變化的箇中原因，嗯，我說不上來。」

「可能，台北就是有魅力。」

她喝了一口店員替她續杯的大麥茶，接著說：「也許很多人會提到台灣人的溫情，但台北對於我的吸引力不在於此。台北，或者說台灣真正勾住我的，是強烈衝突感，是破碎的疏離，是持續不斷的綿綿驚喜。大約，台北的底氣，在『人』。」

她回應老闆娘的眼神，滿是笑意地又提問：「所以──妳覺得我喜不喜歡台北呢？」

「啊，明明是我先發問，怎麼反倒被妳一直問問題啊，糟糕。」

「哈哈哈！」

「鰻魚飯隨後就到。這樁買賣我覺得值得，謝謝妳的故事，我很喜歡。」

「也謝謝老闆娘的時間。」

明明才剛見面不到半個鐘頭，兩個人卻開始用老朋友般的語氣聊天。「奇妙的台北。」她想。

夜

田帥

時間已逾凌晨，康山剛剛參加完台北市的一個慶祝萬聖節的活動，有幸在人群的裏挾下看到了被簇擁的柯文哲市長。

剛到台灣的前兩週他還特意抽空去旁聽了一次台北市議會，想一睹柯文哲市長的「芳容」，可惜那次不是市長報告質詢而是一個管市區建設的部門向議員進行報告，只好無奈而歸。沒想到這次碰巧遇見，也算是參加活動的意外之喜。

活動結束，人群逐漸散去，留下工作人員清理場地。

雖然凌晨的台北街道兩旁的各種燈光依舊神采奕奕，但是煙火氣卻少了很多，形單影隻的路人匆匆從他身邊走過，只留他一人在這個不夜城裡慢慢地遊走。

聽馬非老師說台北的巷弄裡有很多有意思的餐廳、商店，集結了很多的文創元素等待被發覺。但是在康山的刻板印象中，這些餐廳商店一般都價格不菲。商店還可以逛逛不買，但是餐廳就不然了。可是今晚不知什麼緣故突然有興致想體驗一下台北巷弄的餐廳。

台北雖大，但凌晨還在營業的餐廳除了麥當勞、肯德基也為數不多。走巷穿弄幾個來回，康山看到了一家別緻的餐廳。路燈下的餐廳好像一個身穿日式服裝、腳踩木屐的日本老人，靜謐又安詳。門口的牌子上寫著「梧葉食單」四個字。

康山看著這棟不大的藝術品看得出神，一輛汽車的遠光燈打斷了他的神遊。

「真是有病！」心中咒罵了一句開遠光燈的司機，便推門進了餐廳門。

餐廳不大，但是餐廳的裝潢透著一股雅緻和藝趣。一隻日本柴犬在餐廳裡頗有精神的走來走去。

「歡迎光臨！」老闆娘面帶微笑的看著他，康山內心發慌，這讓他想起了上次在一家裝修同樣別緻的火鍋店的經歷，菜單一打開就後悔進門了，可是已經坐下了只能硬著頭皮點，最後沒吃飽還花了 100 多人民幣。幸虧沒有跟女生一起去，不然，以他的性格肯定自己爭著買單。

雖然已經做好放血的準備但是心裡還是猶豫了一下，定了定氣，走進去。

「老闆，能不能給我菜單看一看。」

「好。」說著老闆娘拿出一張邊緣寫著「梧葉食單」的白紙。

「你想吃什麼可以寫在上面，我盡量做，因為時間有點晚了所以主廚回家休息了，請多包涵。」

「主廚回家了，還要營業嗎？」

「沒關係，我雖然不是主廚但是廚藝還是不錯的。剛走的幾位客人點的餐都是我做的，他們說還不錯呢。」老闆娘說完得意的笑了笑。

「這樣啊。」

康山盯著白白的菜單，看久了感覺自己腦袋都是空白的，就這麼僵持了十幾秒，只好選擇投降。

「想不出來要吃什麼。」

「那你有故事嗎？」

「什麼？故事？」康山滿臉不解。

「聽你的口音應該是大陸人吧，你可以講講你在台灣經歷的故事啊，然後我聽完之後根據你的故事幫你做一道菜。」

「好吧。」說著康山找了一把高腳椅坐下，雙手放在吧檯上。

「我覺得台灣……很美。」說完看了一眼老闆娘。

老闆娘正瞪大眼睛等著他接著往下說。

「我在淡江大學唸書，宿舍離淡水河很近，而且樓層很高。到台灣的第一天早上我很早就起床了，舍友還都在睡覺，扒著窗戶看著太陽把淡水河一點一點照亮，那個景真是太屌了。然後開學之前我跟舍友就直接去了漁人碼頭，我們在淡水老街逛了逛，看到了好幾家周杰倫套餐店。找了其中一家店坐下吃飯，那個老闆是一個祖籍浙江的爺爺，看我們是大陸人聊了很多，包括上世紀浙江電視臺還來這家店採訪他，他的子女都是美國有名院校的高材生。」

「所以你們從老街怎麼去漁人碼頭啊？」老闆娘問道。

「哦，我們是坐渡輪過去的，當時學生卡還沒有下來不能刷

悠遊卡，所以直接買票。說實話還真便宜，折合人民幣才十幾塊錢。」

「漁人碼頭的夕陽好不好看？」老闆娘問道。

「當然！那裡的人很多，各個國家的韓國的、日本的、美國的，感覺都是慕名而來的，那天我們運氣好，霧不大也沒下雨，看了第一次完整的日落。」

說著小狗的兩隻爪子扒在康山的鞋上，康山彎腰把牠抱了起來。

「牠好像挺喜歡你的。」老闆娘笑著說。

康山邊摸著小狗邊說：「上次我在學校的紀念品店買東西，看見有好幾隻狗斜躺在地板上眯著眼休息，看得出年紀都不小了，嘴邊長了很多的白毛，看上去也很慵懶。很多買東西的學生好像感覺很正常似的，找著自己想買的東西。幾個零星的學生蹲在狗的旁邊一邊輕輕地摸著狗的頭，一邊聽一個穿著圍裙的工作人員講解這些狗的故事。有一次我又去學校紀念品商店買東西，那幾隻狗狗還在那裡睡覺，旁邊立了一個牌子說『請不要在狗狗睡覺的時候摸牠們』，當時就感覺到這邊的溫暖和人情味。我們在大陸的大學校園裡面也有好多的流浪狗，但是沒有像這邊一樣成立一個專門照顧流浪動物的社團，學校出於對學生安全的考慮，對校園裡面流浪狗的寬容度也比較小，可能還差得挺遠的吧。」

說完康山嘆了口氣，慢慢把小狗放在地上，小狗又跑去別的

地方了。

「我在這邊還認識了很多的朋友。人都很友善。有一次社團帶我們去一家咖啡廳，我在那裡認識了很多人。有一個從馬達加斯加來的黑人朋友，我跟他聊了很多，我跟他說了對未來不確定的害怕，他告訴我，每次他覺得困惑的時候都會想三個問題，我從哪裡來？我在這裡幹什麼？我要到哪裡去？他不遠萬里從馬達加斯加到台灣，在台灣定居娶妻，他認為這一切都是上帝的安排。我該做的就是好好享受當下的人生。」

「在那之後我環了兩次島，順時針一次逆時針一次，每次都能發現不同的風景不同的人。我第二次環島一個台灣本地的哥們跟著我一起玩兒的，一路上遇見了很多像我這個年紀的旅人，有香港的，美國的，還有西班牙的……」

不知不覺，黎明的曙光照亮了淡水河。

「啊呀，都這麼長時間了！老闆，我該走了！」

老闆娘讓康山等她十分鐘。

不一會兒時間，老闆娘端上一碗白粥，上面點綴著蔥花和蔥段，附著一碟小菜。

「你講那麼多怎麼能讓你空著肚子走呀。」老闆娘說。

……

那一早，康山吃到了最好吃的古早味。

一生一場五月天

鄭夏萱

一個風還氳氳著熱氣的中午，店裡還沒有客人光顧，元寶小姐拉著湯圓小姐興沖沖的趕進店裡，逕自找了個位子就坐下。元寶小姐手忙腳亂的從包包裡拿出筆記型電腦，急切的開機一邊看著手錶一邊點著滑鼠，似乎在等待著什麼。

小松迎了上去。

元寶小姐頭也不回的道：「先來一杯水，謝謝。喔對了，你們店裡有 Wi-Fi 嗎？」

小松指了指牆上貼著的 Wi-Fi 密碼。

過了一會兒，小松端著一壺冰鎮檸檬水走過來，只聽見元寶小姐激動的拉著湯圓小姐的袖子說：「搶到了搶到了，五月天的跨年演唱會。」

一旁的湯圓小姐一臉無奈，笑笑的摸著元寶小姐的頭。

「啊，妳們是在搶五月天門票啊。」放下檸檬水的小松一臉笑意。

「是啊！是啊，聽五月天的跨年演唱會是我來台灣當交換生最大的願望。本來是今天早上十點開票，我們都已經去宿舍附近最近的網咖開機了，結果公告時間推遲。後來打算到士林之後再找網咖搶票。結果距離開票時間還有半個小時的時候，士林附近的兩家全部擠滿搶票的人潮，心一橫奔上捷運坐到芝山站找網

咖，依舊擠滿搶票大軍。然後我們找了好久，才找到你們這家店。還以為趕不上了呢。」元寶小姐一邊說著一邊喝了一大口水。

這時，在後面幫忙的老闆娘似乎聽到了她們的談話，笑咪咪的走過來交談：「妳們是大陸來的交換生嗎？」

「嗯。」元寶小姐和湯圓小姐點頭。

「妳們很喜歡五月天啊？」

「是啊，超級喜歡的。」

「那妳們願不願意講講自己和五月天的故事，我們這家店有一個特色，就是可以用故事換食物喔。」

「真的嗎？」元寶小姐一臉興奮，「好啊好啊，我有好多好多故事呢。」

老闆娘笑了笑，：「不急不急，一個個講，慢慢來。」

「先講最開始怎麼知道五月天的好了。」元寶小姐又喝了口水，頓了頓，「13 歲啊，我爸帶我看了人生中的第一次演唱會，是奶茶劉若英的《脫掉高跟鞋》，當時我們在福清開往福州的高速公路上塞車，一如往日的要去長笛老師家裡上專業課。我還記得那天下著大雨，我們無聊地堵在高速公路上幾個小時，汽車廣播裡正反覆播放著關於當天晚上奶茶劉若英演唱會的預告。突然我爸爸提議：「反正到福州也錯過老師上課時間了，不然我們就去聽演唱會吧！」「好呀好呀！」那個時候還在上初中的我根本沒聽過幾首劉若英的歌，最熟悉的就是《後來》，倒不是因為特別想要聽演唱會，只是那個時候的自己只要不用去上課就覺得很

高興，而且那是我第一次看演唱會。

　　演唱會的情形早已經記不得了，印象最深的就是我爸指著當時 LED 螢幕上反覆播放的宣傳廣告上的五月天對我說：「五月天還挺出名的呢。」當時的我大概也沒有想過兩年後，這五位大爺莫名其妙的闖進我的青春裡，再也出不去。」

　　「兩年後發生了什麼事？」老闆娘一臉好奇。

　　「15 歲啊，五月天在福州開演唱會，那個時候正好要元旦匯演，本來不想演出的我因為同桌一句：『陪我一起演出好不好？』初生之犢不畏虎的就拿著一疊自己胡亂改編過的歌曲串燒找學長組樂隊。起初學生會的我先嘗試找到一位文娛部的學長，但因為和他自己的節目有衝突就被拒絕了，而後就抱著再次被拒絕的態度找了另一位陳學長。

　　我和陳學長其實有很多年沒有聯繫了，甚至不知道他是否還記得我，一開始是因為小學一起學過書法，他的字實在是太漂亮所以印象深刻，後來初中又同校一起進了學校樂隊才知道他擅長彈吉他。誰知道學長看了一眼我的樂譜之後，突然眼前一亮：『五月天的歌誒，所以你是五迷。』一旁的我傻愣愣的：『沒有啊，就隨便找的。』『那好啊，我們組樂隊吧，我再拉幾個人吧。』就這樣，我因為一場莫名其妙的元旦匯演組建了自己的第一支樂隊『speak now』，我成了副隊長和經理，所有買飯、改編、寫伴奏的雜碎任務我都包了，還認識了一群至此在我青春裡扮演著重要角色的人。

　　我們歷經了沒有場地排練，時間緊迫只聯繫幾次就正式上

場，甚至和其他團隊的衝突，還有隊伍內部的爭吵等各種各樣的挫折之後，終於順利完成了我的第一次樂隊公演，也是我第一次站在舞臺上唱歌，好在台下歡呼效果不賴。至今為止我都不好意思去看我們演出的重播影片，雖然從小到大我參與過大大小小的演出，但這是我認為迄今為止自己生命裡最棒的一次表演。

還記得最後謝幕的時候，我們幾個人排成一排，手牽著手，高高舉起又放下，深深彎腰 90 度鞠躬，那一刻，聽到四周的歡呼和掌聲，差一點沒忍住眼淚。直到今天，雖然 speak now 再也沒有演出，但我們依然保留著每年一聚的約定。倒也沒想過，15 歲的自己，組建了人生中的第一支樂隊，唱了五月天的歌，從此愛到骨子裡。」

「哈哈哈，年輕人真有意思。」老闆娘聽到這兒哈哈大笑。

元寶小姐也笑嘻嘻的說：「還沒完呢。19 歲，結束高中步入大學，很多事情都發生了改變，但不變的是 speak now 依然存在，而五月天也一直都在。終於在 20 歲之前實現了一個給自己的小承諾，一個人來到另一個城市穿著 stay real 去看了我愛了這麼多年的樂隊，靜靜聽完整場演唱會，感覺就好像聽完了整個青春。那個時候的五月天泉州演唱會，我和回家的室友一起坐動車到泉州分開，然後穿著一件 stay real 的短袖就一個人去聽演唱會，周圍都是成群結伴的朋友或者情侶，但我並不覺得孤獨，因為上萬人一同站在這裡，踩著凳子，瘋狂的搖著手中的螢光棒，一起吼著嗓子在紀念我們共同的青春，他們有一個共同的名字，叫做五月天。

　　看著臺上這五個出道時間和我年齡相同的他們，已經完全不年輕，但我卻再想不出什麼人比他們更適合青春這詞。我們都會在得已、不得已中發生或多或少的人性改變。但他們卻一直給我靠山的感覺，讓人相信真就可以一直執著倔強，守住心中尚未崩壞的地方。」

　　「五月天啊，在大陸有一個很經典的梗，就是在阿信唱《溫柔》前會有一段很煽情的 talking：『你們帶電話了嗎？拿出來，打給你們喜歡的人，我唱溫柔給他聽。』然後全世界都暗了，只剩下全場觀眾手機螢幕發出的微弱亮光，那些光亮連接著自己和喜歡的人，而他站在一束光裡。這是我下載在 MP4 裡反覆播放的一段五月天 2007 年鳥巢的影片片段，我看了不下幾十遍，發誓以後也一定要在現場打電話。

　　可是那場 19 歲的五月天演唱會，沒有喜歡的人，但我有我可愛如家人一般的室友們。來之前就說好，那個晚上大家一定要記得接電話，然後開擴音，全宿舍一起聽我打電話直播演唱會的五月天。可是當晚，當阿信的《溫柔》想起，他沒有說起那段經典的 talking，我急急忙忙撥通電話的時候才發現，在幾萬人的會場裡信號根本微乎其微，好在最後終於打通鬆了一口氣。

　　來台灣後，聊起這件事情才知道真相，其實那天的電話裡滿是雜音，根本聽不見任何歌曲，但為了不讓我失望，大家就放著。知道事實後，我滿臉無奈卻也覺得自己傻得可愛。那晚我還撥通了一個電話，很神奇，那個訊號非常好，是打給姊姊的。他安安靜靜聽完了現場的《後來的我們》，然後開心的說謝謝。上一次，

在上海音樂節的范瑋琪復出，我也是在范范唱《一個像夏天一個像秋天》的時候，撥給了這位很重要的家人。」

「要說這場演唱會有什麼特別的，倒是有一個神奇的小插曲。在結束後回酒店的計程車上遇見了一位同樣一個人從福州來聽演唱會的小姊姊，無意間聽到她還沒有預定酒店之後，也不知道為什麼，我就主動搭了一句：『妳今晚要不要和我湊一晚，方圓五公里的酒店都被訂滿了。』當時為了不讓我媽擔心，我還不敢告訴她那個姊姊是剛剛才認識的陌生人。我們一見如故，很開心的坐在床邊聊了一整個晚上，然後第二天一起坐動車回去。或許這就是五迷的神奇力量吧。」

元寶小姐又頓了頓：「其實我不是追星狂熱分子，純粹淡淡地喜歡聽，去演唱會現場聽那個耳機裡陪伴你的聲音，就像是去看一群很重要的朋友。那些聽著歌的日子彷彿就在眼前、那些被寫下來的心情還歷歷在目。你可以理直氣壯地對自己說，那些歌給你的力量是真的。在臺上的那個人和在台下的這些人就是最好的證據。所以啊，來台灣交換最大的期望就是可以看一場五月天的跨年演唱會，這是我很多年的願望了，好在上天待我不薄，買到了跨年演唱會的門票，而且是兩個人。對於我這個向來獨來獨往一個人聽演唱會的音樂狂熱分子而言，就像做夢一樣。」

老闆娘看著元寶小姐笑盈盈眼眸裡閃著的光，不禁感嘆：「很甜的故事呢。」

元寶小姐笑了笑，「其實我希望這次去見親愛的主唱大人，我會帶著新的故事。」

　　老闆娘只是輕輕說了句：「稍等。」沒有多說其他，轉身回了廚房。

　　沒過多久，她捧著一盤精緻的甜品走了出來。只見白色盤子裡放著幾個像是晶瑩剔透的饅頭的甜品，每一個裡面竟然有一朵盛開的八重櫻花，櫻花粉紅的顏色襯托得整個水饅頭都是粉嫩可愛的。

　　「這是日本一款很有特色的涼式糕點，叫做「和菓子」。用的是日本的國花櫻花為主要食材，再以葛根粉做成透明的外皮。想把它送給妳，因為妳的故事很甜呢。」

平凡卻真

陳逸

「歡迎光臨！」每當深夜來臨，隨著「梧葉食單」的淡黃色簾幕一起一落，老闆娘和小松等人的聲音就環繞在店鋪裡。阿梓拖著疲倦的身子從社團活動剛回來，他低頭看看錶，已經快到深夜 12 點，回來的路上，其實已經路過了形形色色的燒烤攤、小吃攤，那是他來到台灣之後的最愛，不過今天他在活動時過度消耗的體力以及過多攝入的飲品，已經讓他不能再吃下任何那種高熱量而且油膩的食物了。

今天的客人並不算很多，阿梓透過店鋪的窗戶往裡望了望，尋思著，又想起這家店鋪似乎已經被很多好友推薦過，於是乎他便踏進了店鋪。「歡迎光臨！」傳來員工們夾雜著台灣口音的問候，店鋪溫暖的氛圍也與外面蕭瑟的冬夜冷風形成了強烈的對比。小松迅速地向前：「請問您內用還是外帶？」「內用。」阿梓回答道，「那這些空位置都是可以坐的哦，您看您坐哪兒呢。」阿梓挑了個可以看到內部操作食材的靠近大廚的位置，饑餓又疲倦的他已經迫不及待想要看見食物，似乎現在的所見可以給他望梅止渴的作用似的。

小松又補充道：「您可能是第一次來我們店裡吧，我們店裡的食物呢，是比較家常的，沒有菜單，您要什麼，我們能做，我們就給。而且是可以不用付費的，只要您拿一個故事跟我們交換就好了。」阿梓聽了心中一驚，「原來還有這種店？」但是他又

轉念一想「可是讓我吃什麼才好，而且我，又能有什麼故事呢？」他想了許久，肚子已經不斷叫喚提示他趕快進食。他的腦子突然想起一道菜名：「番茄炒蛋。」「額…那就…番茄炒蛋吧。」阿梓對小松說道。

雖然已經解決了吃什麼的問題，但他對於自己的這個選擇依然還是充滿懷疑，他也繼續陷入沉思。「您好，您要的番茄炒蛋。」老闆娘親自端上了番茄炒蛋，嗅覺快過視覺，阿梓的鼻腔已經都是這道普通的家常菜的香味，他再定睛一看，番茄紅誘，色澤鮮美，淡淡捲起的紅色果皮像是大衣，襯著多汁的果肉。炒蛋金黃，彈性十足，微微的蛋香味，在空中彌漫開來。紅黃的相對搭襯，大廚所做的這道菜，可以稱得上是色香味俱全。阿梓迫不及待先嚐了一口。

這一口，這熟悉的味道，似乎讓阿梓突然明白了自己選擇這道菜的緣由。小松似乎看出了些許端倪，就問道：「怎麼樣，菜不好吃嗎？還是怎麼了，要分享故事了嗎？」阿梓便回答道：「一開始我是不知道為什麼我要選擇番茄炒蛋這道菜的，我自己還覺得莫名其妙，因為自從不在家以後，我就喜歡上那些街頭的美食了，甜不辣、鹽酥雞都是我的喜愛。但是今天這道菜的擺盤，這個味道，讓我想起了以前的日子。」

「哦？是什麼日子呢？您方便說說嗎？」

阿梓道，「之前，我在報紙上看到一則故事，給我留下了很深的印象：一位單親母親，她的孩子上了大學，她便覺得生活中好似缺少了什麼，開始憂鬱起來，天天思念著她的孩子。只有在

兒子放暑假回家時，才真正吃了三頓飯……。」

「雖然感覺這稍微有些誇張了，但是表達的意思總是思念這個主題，總是那樣感動著我，我回想起也能感覺到時時被親人之間的思念所環繞。初中時，我一個人在 F 市讀書，一切事情多由自己解決：自己吃飯，自己上學，自己做作業。思念是爺爺準時的問候。每天晚上七點左右，總會接到熟悉的問候。爺爺那歷經滄桑的聲音，低低的語調：『今晚吃了什麼？店裡的東西好不好？吃了什麼菜？』我也打趣地回答：『生活過得很滋潤啊！』這樣的問答，陪我度過了許多個孤獨的夜晚。」

阿梓靜靜地想了一會，開口道，「思念是那一個小時的路程。那時，父母為了見我一面，一下班，便匆匆忙忙地趕路，爭取早一些看到我，看看我一個人過得好不好。而他們總會撫摸著我的頭髮，然後輕聲地說：『你又瘦了，一個人在 F 市一定很苦吧！』等我做完作業，她會認真對一遍，然後告訴我解題是否正確。我的母親，也是奔波在廚房給我做可口的飯菜，那時候最常吃到的就是番茄炒蛋了，那時候覺得它很常見，卻又百吃不膩。而且是和外面的番茄炒蛋很不同的感覺，就像這裡的這個一樣。」

「哈哈，你是在誇讚我的廚藝嗎？」剛剛忙完的掌勺大叔難得有機會說了句話，「你不知道吧，其實番茄炒蛋，也是有分派系的，有硬派和軟派，你們年輕人啊，性格急，自己做的時候，就喜歡做的菜飯分明些。而軟派的蛋炒飯呢，主要針對性格較為溫順，或者長期久坐的同志們。做得好的話，通常能夠將番茄炒蛋上升到兩人的情感牽連的境界。就像《夏洛特煩惱》裡面的蘆

香麵，《愛情呼叫轉移》裡面的大滷麵，都是可以讓前男友在孤獨的深夜，懷念起那曾經一份可以吃下四碗飯的番茄炒蛋。」

　　阿梓聽了點點頭，拿起手機，發現自己其實已經很久沒有打電話給父母，報報平安了，正要撥打，但注意到時間已晚，就把這份思念留到明天的清晨吧。

　　小松在旁邊注意著這一切，又補充道：「思念啊，是一種可以穿越時空的情感，是彌漫在大城市和故鄉上空中那一縷淡淡的清香！一個人總有煩悶的時候，當覺得有人在思念你時，你便會覺得自己不是一個人在生活，不是一個人在努力，你會覺得身後站有許多支持你的人。」

　　阿梓回答道：「對啊，我感激親人，因為他們愛我，思念著我。我想，世上正是有這樣一種穿越時空的情感，才使遠離親人的人多了一份對生活的熱愛，多了一份奮鬥的勇氣，才使世界上閃耀著一份又一份創造的精彩。」

　　這裡是梧葉食單，那是一碗番茄炒蛋，平凡卻真。

有關早餐的故事

張穎

這個季節是台北的雨季，今天又是一個下雨天。

已經是傍晚了，輩子和友人告別，一個人在台北的小巷中散步，想隨意進一家小店解決晚飯。遠處一家餐廳，被微暗的路燈籠罩著，走進一看叫「梧葉食單」。

輩子抖了抖傘上的雨珠，把傘放在門外的桶裡。推開門，「歡迎光臨」一個微笑著的年輕女生迎了過來。「咦，怎麼沒有菜單？」「客人先請坐，我們老闆娘會親自為妳點菜」女生在前面引路，輩子坐在臨窗的雙人桌。剛坐下不久，一個女人坐在她的對面。穿著米色高領毛衣，看起來知性溫柔的模樣。

她笑著倒了一杯熱茶說：「不知道妹妹要吃什麼呢？」

輩子：「啊，有招牌菜嗎」

老闆娘：「不如妳分享一個故事給我，我為你訂做特製的食物。」

輩子想了想：「好呀，蠻有意思的。」過了片刻後，開口：「台灣的食物很美味，這裡的蚵仔煎配上醬汁超級好吃，校門口的車輪餅、芋圓豆花，隨手買的一杯奶茶都好喝，珍珠好Q彈。甜食也做得很棒。哈哈，但我唯一不太滿意的，是這裡的早餐。」

老闆娘：「這裡的早餐是偏西式的」

　　輩子：「對呀，我是泉州人。從福建來到台灣已經好幾個月了。照道理閩南風味和這裡不會相差太多。海蠣煎（蚵仔煎）、蘿蔔糕、潤餅、炸物泉州也有不少，但我最最懷念的是我們那裡的早餐。」

　　老闆娘饒有興致：「怎麼說？」

　　輩子：「還在家上學時，學生時期的早餐一直是媽媽準備的。每天早上媽媽六點就會起來，熬著白米粥再加上一兩道現炒的菜，既健康又飽腹。有時候是荷包蛋加上炒青菜，有時媽媽會把瘦肉、香菇、白煮蛋裝進小鍋內，加上八角魷魚絲調味，淋上醬油，就這麼小火燉上幾十分鐘，我們那裡叫蚵肉，入口鹹香。配著稀飯，非常開胃。泉州人早晨常常吃過麵線糊，麵線裡加上自選的料：大腸、醋肉、花生米、瘦肉等。也可以說是初高中的回憶了。」

　　喝了口熱茶，輩子繼續說道：「到福州上大學，有時會在樓下的小賣部買韭菜餅或紅糖饅頭配上花生漿，或者到食堂點碗黑米粥加上一個滷蛋、一份青菜。味道也不錯。還試過福州小吃鍋邊糊，挺清淡的，當地人常在早上吃。」

　　老闆娘驚訝的說：「哎，妳們早餐竟然吃的是稀飯。」

　　輩子噗嗤一笑，回想說：「之前我也問過台灣同學，她也是一臉驚奇問我：為什麼早上要吃稀飯，妳生病了嗎？想起我思念家竟然是從食物開始，也是挺搞笑的。可能我是熱乎乎早餐的泉州胃，到台灣後著實感到不太適應。淡水的早餐偏西式，熱吐司、蛋餅、漢堡。側重速食快捷。連豆漿都是用粉泡的，喝不到鮮榨

的豆漿。剛開始吃幾天還算新鮮，但沒幾天後就開始懷念家裡的了。有一天我特地一大早出宿舍，想在附近轉轉有沒有合我胃口的早餐，宿舍對面有家阿勇麵線，打算著在早上吃到溫熱的麵線糊，結果這一條街的商鋪全都沒開，大都是 11 點後才營業的，我只能又去打包了一份蛋餅……。」

老闆娘拍了拍輩子的頭：「沒想到小妹妹對早餐這麼執著啊」。

輩子說：「這樣的人還不止我一個呢。之前看上一屆學長姊也是出了一本書叫《大三那年，我在台灣》，有一個北方學姊在書裡寫到，因為早餐不合胃口，她還在打電話給父母時哭過呢。我看了不禁一笑，原來有這樣煩惱的不止我一人呢。」

輩子說：「有一天，我到宿舍對面的 13 元麵包店買小蛋糕，裡面的麵包便宜又美味。叔叔也特別慈祥，知道我是從大陸來的交換生，問我說：妹妹，習不習慣台灣的生活呀。我提到不習慣這裡的早餐，他告訴我從頂好超市旁邊的小路往裡走，有一家古早味的早餐店，那裡可能合我的胃口。隔天早上，我就順著叔叔的指示往裡走。誒，果然，拐角處有一家早餐店排著長龍，走進細看，門口擺著紅糖饅頭、鮮肉包，還有賣韭菜餅、油條、燒餅等等。我馬上買了個饅頭，邊走邊啃。裡面的阿姨望了望窗外，對我說，看天氣要下雨了，妹妹記得帶傘啊。我點點頭，心裡暖烘烘的。這裡的叔叔阿姨待人都和善，對學生也都很照顧。啃了一個月的麵包和蛋餅，當時能吃到傳統的早餐覺得特別滿足。

老闆娘哈哈大笑。

輩子又說道：「又是某一天趕早課，從大學城那裡往教室走，一轉頭看到文具店前，有一個瘦小的老奶奶正賣著早餐。走進一看，竟然有賣粥，香菇干貝，皮蛋瘦肉粥……，我一直思思念念的早餐原來藏在我每天上學的路上。只是平時坐的都是校車，沒有注意到罷了。當時不由得想到，是不是生活中很多小事其實藏在身邊，你一直沒有發現甚至忽略它呢。也許只要你多留意一下身邊，會有很多意想不到的收穫呢。我的故事講完啦。」

老闆娘凝思：「這是一個尋找早餐的故事呢。麻煩妳等一會兒，我知道為妳準備什麼了」

半刻鐘後，一個木質托盤輕輕放在輩子面前。

褐色的托盤上，一碗用瓷碗裝的地瓜稀飯，一顆滷蛋，一盤瘦肉，還有炒青菜。輩子用湯匙舀了一口稀飯放入嘴中，看著窗外的微微細雨：「和我印象中的味道一樣。」

老闆娘：「也許妳想的不止是早餐，是家鄉的味道吧。」

輩子微笑點頭，眼裡閃過淚光。

推開門，輩子拿起門邊的傘。「歡迎下次再來哦！」輩子轉過頭，一個圍著黑色圍裙的男生，看起來活潑開朗。遠處的老闆娘靠著櫃檯，笑著望著自己。道別後，輩子心想：一定還會再來的。下次的故事，不知道交換的是怎麼樣的食物呢？

是熱愛啊

柯琳婧

　　靜臨是淡江大學的一名交換生，11 月的某天中午，她走在台北的一條小巷裡，尋覓著她的午餐。走到拐角處，一家名叫「梧葉食單」的餐廳引起了她的注意，便帶著好奇心走進了這家餐廳。

　　一進門，餐廳寬敞簡潔。她看見一位少年正在櫃檯清洗杯具，一位看似老闆娘的人正在翻閱著書籍，不遠處一個紮著馬尾的年輕女服務生正在整理著餐廳的照片牆。她挑了窗邊的一個二人座位坐下，女服務生走過來微笑問候她，向她遞上一杯檸檬水和一本菜單。她接過菜單隨意翻閱了一下，發現在菜單的最後一頁是一張名叫《梧葉食單》的空白菜單，她指著這一頁問女服務生：「這頁菜單是什麼，為什麼是空白的？」女服務生解釋道：「這份菜單是我們老闆娘特別推出的『以故事換食物』的菜單，妳可以在這頁空白菜單上寫下自己想要的食物，店裡將會免費提供給妳，但作為交換，需要把自己的一個故事分享給老闆娘。若妳不知道吃什麼，則先講故事，由老闆娘特別訂製食物交由主廚幫忙烹製哦，而這份菜單上也會寫下這個食物特別的名字。」說時，女服務生指向櫃檯邊看書的女人，告訴靜臨那個女人便是這家餐廳的老闆娘。靜臨聽後覺得很新鮮，便告訴服務生：「聽起來很棒，那我要一份這個吧，但我現在還不清楚想吃什麼，我想先分享我的故事。」這時，老闆娘蓋上了正在翻閱的書籍，笑眯眯地向著座位走來，親切地問：「我可以坐下來聽聽妳的故事嗎？」

靜臨微笑點頭：「當然可以。」

老闆娘坐下後，靜臨開始分享她的故事。她說：「剛到淡江大學時，學校內便有為期一週的社團納新宣傳，而參加社團活動則是每個淡江大學學生的必修課程。當時有很多社團都在招生，突然有一個女生遞給我西洋劍社的納新宣傳單並帶我到他們的區域參觀，拿出西洋劍讓我試拿，那是我第一次真實地觸摸到西洋劍，以前都只是在電視上看到過。好奇心讓我對它產生了濃厚的興趣，當下想著那就加入這個社團學習西洋劍吧。」

靜臨喝了口水，繼續說道：「之後我參加了他們的社團課程，但社課的內容跟我想像的還是有一些不一樣的，一開始會進行體能訓練，包括跑步、拉筋、基礎訓練等等，體能訓練完後才開始拿劍練習。前期的體能訓練對於平時不愛運動的我來說實在是一大難題，所以在第一次社課後有了想打退堂鼓的念頭。」

聽到這裡，老闆娘忍不住問了一句：「那妳最後選擇不參加西洋劍社了嗎？」

靜臨笑了笑回答道：「我後來仔細想了一下，還是選擇堅持下來了，因為這畢竟是我第一眼看到就喜歡的東西，而且對於我來說也是一種新奇的體驗，很難得有機會能夠接觸到西洋劍。」

老闆娘打趣道：「妳在西洋劍社有發生什麼有趣的事情嗎？」

「有啊，在前兩週有舉辦一個西洋劍的比賽，我跟著社團一起去觀摩了比賽，看著場上的人對打，一次次敲劍進攻、後退防守；聽著場上的人一聲聲吶喊助勢，才真正體驗到擊劍比賽的氛

圍。當時看完比賽後心裡有很多想法，之前的我一直不明白為什麼西洋劍社的同學們能夠堅持這麼久，付出這麼多時間和精力在這上面，通過這次比賽我才真正明白，原來是因為他們熱愛這個運動呀，我看見他們會為了擊劍勝利而喜悅，勝利的喊聲響徹全館，也看見他們會為了擊劍失敗而懊惱，落寞的背影顯得格外脆弱，但這些都是因為他們熱愛擊劍，才甘願為此付出這麼多。

　　除了觀摩比賽，我也親自體會到了比賽的氛圍，上週社團剛剛舉辦了社內新生盃的比賽，我也有參加。雖然在平時訓練中和其他同學對打的時候打得不太好，但在新生盃的比賽中卻意外地贏了好幾場，也是出乎自己的意料，覺得很驚喜呢！不止這些，在西洋劍社的這一個月時間裡，也認識了很多台灣的同學，他們都很熱情友好，也很照顧我，平時訓練時也都很耐心教我。我才發現我慢慢喜歡上了這個團體，也從這個團體中感受到快樂，這是我在這一個多月的學習中最大的收穫。這就是我想分享的故事啦。」「看來妳對西洋劍社有很深的感情呢，那接下來我就為妳準備一道美食吧！」說完，老闆娘便拿起筆在空白的梧葉食單上寫下菜品接著交給廚房的大叔。

　　一會兒時間，女服務生上菜了，是一盤蛋包飯。靜臨一開始看到的時候有些不解，一旁的老闆娘解釋道：「這是我為你準備的蛋包飯，雖然蛋包飯是一樣很普通的食物，但想做好它並不容易，蛋皮要嫩，米飯要軟，所以它們的火候要掌握得很好，就需要長時間的烹飪經驗了。這就好比擊劍一樣，雖然看起來很簡單，只是簡單的步伐移動、進攻、防守，但想要完成這一系列動作時它的力度也很重要，也需要長期的練習才有這種效果。這也

是我為妳設計這一道美食的緣由，希望妳會喜歡喲！」靜臨一聽，迫不及待地想嘗試這一盤蛋包飯，對老闆娘說：「好的！謝謝妳，我會好好享用的！」

　　不一會兒，靜臨就把一盤蛋包飯都吃完了，在窗邊坐了一會後，她起身到櫃檯，向老闆娘說：「蛋包飯很好吃，我很喜歡妳為我準備的這一盤蛋包飯，也幫我謝謝主廚哦，他做的很符合我的口味呢！」老闆娘笑著說：「好的，妳喜歡吃就是我們最大的幸運了！歡迎下次再來跟我們分享妳的故事喲！」「好的！」說著，靜臨跟「梧葉食單」的人們打了招呼後走了。在出門的路上，她一直想著：這真是一家有趣有愛的餐廳呢！下次還可以再來。

一場難忘的演唱會

陳麗媛

小川今天迷路了。

其實這一點也不意外，做為一個手機裡永遠沒有地圖 App，方向感奇差卻絲毫不自知的人，迷路簡直是避免不了的結果。「先隨便找家店坐著吧，在店裡充點電再聯繫同學，讓她們來找我好了。」小川這樣打算著開始觀察周圍的環境，自己和朋友的目的地本來是一個四通八達的巷子，這條巷子匯聚了很多潮牌、咖啡廳，室友興致勃勃的找到了小天王的潮牌店，狂熱的衝進去，自己覺得無聊，就打算去旁邊其他的小店逛逛，一會兒再和朋友會合。沒想到走著走著竟然忘了時間，一看手機，手機就像故意作對一樣，螢幕閃了一下就變黑了。

小川只能漫無目的地往前走，穿過這些雜亂的小店，有一家店吸引了她。這家店在巷子的最深處，和前面不同的是，這家店周圍非常清靜雅致，和周圍的住宅區幾乎融為一體，在門口有一塊不大的牌匾：梧葉食單。

小川一進店，就聽到一個熱情的女聲「歡迎光臨」，她抬眼一看，這是一個看上去跟自己年齡差不多的女生，穿著可愛的店服，笑眯眯地和自己打招呼。小川在她的引導下，挑選了靠窗的位置坐下，這才有時間好好打量這家店。

梧葉食單是典型的日式風格，簡約木質的桌椅，開放式的廚房，包括剛才的熱情女服務生，一共有四個人。一個是正在廚房

裡忙碌的廚師，一個是正擦著桌子的年輕男生，還有坐在收銀台處正在塗指甲油的老闆娘，老闆娘的腳下還有一隻正在酣睡的柴犬。「您好，您應該是第一次來嗎？」這位熱情的女服務生問小川。

「是的。」

這時候，不知道什麼時候塗完指甲油的老闆也過來站在小川旁邊。「因為來我們店裡的很多都是老顧客，所以我向你簡單的介紹一下，這是小松。」她指著那邊擦著桌子的年輕男生說「那是阿斐，他是附近的大學生，沒課的時候會來這邊兼職。」老闆娘介紹完笑著問小川：「妳有什麼想吃的嗎？我們的主廚可是很厲害的，什麼都可以做。」

小川一開始只是想找家店等同學，還真的沒有考慮過自己要吃什麼。老闆娘看出了小川猶豫的樣子，對小川說：「聽妳的口音應該不是台灣人？我們這裡可以以故事換食物，或者妳也可以說說妳在台灣的感受和美好回憶，我來幫妳訂製你的食物。妳有什麼可以分享的嗎？」

小川是這學期來到台灣的，她將和自己的同學一起在這裡度過一年的學習時光，台灣給小川的印象是將高速發展的科技感和寧靜質樸的閒適感巧妙的融合在一起，而且台灣作為一個娛樂文化很著名的地方，經常會有很多文化交流活動。這對於初來乍到的一群年輕人是非常有吸引力的。

小川的同學有去看展覽，有去聽講座，有去參加電影展的。小川選擇去看自己一直以來支持的組合 BIGBANG 隊長 GD 的演

唱會。也許很多人對看演唱會有著一種誤解，覺得很貴而且是不值得的，因為網路上也有影片可以看。但是，在現場支持自己喜歡的歌手，會有一種激動的心情，而且歌迷之間因為共同的喜好凝聚在一起，更多的是對自己情懷的釋放。

小川在演唱會上，印象非常深刻的是一位看上去五十歲左右的阿姨，她和小川一起站在搖滾區，搖滾區雖然離舞臺很近，但是非常擁擠而且站的時間很長，是一件非常需要體力的事情。在等待開場的時候，小川和阿姨聊了起來：「阿姨，您是一個人來看演唱會嗎？」阿姨的頭上戴著皇冠的髮箍，「是啊，我挺喜歡他，就來了。」小川感到很意外，通常喜歡 GD 的粉絲群都是年輕人，阿姨在這個全是年輕人的搖滾區其實還挺顯眼的。

「阿姨真酷，妳是怎麼喜歡上他的呢？為什麼不買座位區，搖滾區很累的。」

阿姨正操作著相機，「其實一開始是我的女兒喜歡，這張票是她的，我哪有那麼趕潮流，看演唱會都是你們年輕人的愛好啦，結果這丫頭前幾天出去玩，摔斷腿，打了石膏，動彈不了，我就想說，我代替她來吧，幫她拍幾張照片，我也來感受一下。」

小川聽了，心裡覺得很溫暖，她發現阿姨身材並不是很高，雖然現在還沒有開場，在講話的過程中就已經被擠得晃了好幾下，「阿姨，要不然您站在我這兒吧，我這裡的視野好一點，我個子高，沒什麼影響的，您站這裡就被擋得拍不到什麼照片了。」阿姨在小川勸說下終於為難的和小川換了位子，還給小川塞了包裡的巧克力。

「哇，妳人可真 Nice，我也超喜歡他的。那場演唱會我也去了，真得超讚！」小松激動的附和著。「當下我也沒想什麼，覺得阿姨也挺不容易的，希望她能享受這個演唱會也可以幫女兒拍照片。」小川被誇得有些難為情。

小松問：「那你是為什麼喜歡上 GD 的？」，「這個其實說來很簡單，因為原來上學的路上坐公車的緣故，時間很長，總是會選擇一些節奏性強的歌曲來驅散自己的睏意。於是喜歡上了這個組合的音樂風格，越深入瞭解越喜歡，就變成了忠實的粉絲。」，「好了好了，妳看妳們倆現在臉上還掛著傻笑。」老闆娘無奈的搖搖頭。「其實我也是這樣過來的，妳有看過《流星花園》嗎？我初中的時候看了這部劇，然後超迷 F4 的，當時我真得是苦苦哀求我媽，還主動洗了一個月的碗，我媽才同意讓我去看他們的演唱會。」

小川覺得還挺意外的，老闆娘看上去非常優雅知性，不像是會追星的感覺。

「幹嘛一副很不相信的模樣，我當時簡直是深陷其中。」老闆娘一副追憶的模樣。這倒是引起小川和小松的好奇心，纏著老闆娘讓她快說。「我啊，那個組合裡我最喜歡仔仔，當時仔仔爆出真的和大 S 在一起，我三天都沒吃飯，而且痛哭，還嚇到我媽，在部落格上還攻擊過大 S，和她的粉絲在網上互罵。現在想想，當時簡直太幼稚了。」雖然小川是第一次踏入這家店，平時也是一個很慢熱的人，但是這家店格外的讓人感到放鬆，竟然不知不覺和老闆還有小松像朋友一樣聊了起來。

　　「現在是下午，妳應該不餓，不如嚐嚐我們店裡自製的巧克力蛋糕，這個蛋糕是我們的招牌甜點哦，妳一定不會失望，在外面上學，要加油哦。」老闆娘溫暖的話語讓小川心裡暖暖的。「妳的手機已經充好電啦，妳可以聯繫同學會合啦，免得同學著急。」小松順便把小川的手機拿來。「謝謝，這個下午真得非常愉快，我有機會一定會再來。」

　　小川離開時甚至感到有些不捨，覺得這巷子裡無意闖入的小店是今天最大的收穫，在異地，陌生人之間給予的溫暖讓人感到特別幸福。

巧克力的滋味

蕭蕾萱

可樂漫無目的地走在路上，手裡拿著一瓶可樂，有一口沒一口地喝著。想著自己每天辛苦地過活，不知道什麼時候是終點，毫無目的，毫無目標，就像現在她站在十字路口，卻不知該往哪走。

簡潔明亮的裝修，小木桌和頭上投映下暖黃的燈光相得益彰，翠綠的植物點綴在屋子裡的每一處，為此增添了一抹生機。此刻屋裡只有一位圍著圍裙滿臉笑意的女子。

「Hello，歡迎光臨梧葉食單，請隨意坐哦！」

可樂視線環繞著屋子一圈，朝著眼前的女子點頭微笑，想要看看菜單卻發現好像……什麼都沒有。

「您好，請問，不知菜單是……？」

「妳好，我是這家餐廳的老闆娘。我們是沒有菜單的哦。」拿出了一張印有「梧葉食單」的空白紙張，推到可樂的面前，「想吃什麼，都可以寫在上面，我們都會滿足您的要求。」老闆娘依舊笑著對可樂說。

可樂看著眼前的紙，不知道想吃什麼，老闆娘看著可樂一副迷茫的樣子。又開口道「如果妳沒有什麼想法的話，願意和我交換故事嗎？」

可樂抬起頭「交換故事？是什麼意思呢？」

「交換故事即是當妳不知道吃什麼的時候，我們會根據您的故事的為您特製一份食物，如果您願意和我們分享的話。交換故事只是為了讓說故事的人可以通過一個視窗，跟大家分享他的喜怒哀樂。」老闆娘還是一樣笑嘻嘻地看著可樂。

可樂看了看老闆娘，又看了看眼前的梧葉食單，抬起頭，下定決心似的：「我最近很煩惱……」

老闆娘倒了杯熱茶給可樂，坐下來，靜靜地聆聽可樂的故事。可樂看著眼前冒著熱氣的茶水，思緒一下子跳到了那段時間。

「我想起了她……」

可樂是晚上九點多到花蓮的，從墾丁一路開過來。下雨的墾丁，車速也開不快。可樂好幾次坐不住動來動去，更別說司機了。到花蓮的時間大家都累了，住宿周圍很安靜，沒吃飯的可樂就到附近的 7-11 隨便買了點點心。可樂訂的酒店是一家民宿，一進門就很驚艷，是原來的家庭房改裝成民宿的，一共有四層，裡面的裝飾都是很家庭風格，老闆和老闆娘都很可愛、很熱情。她整理完自己躺在床上，想著今晚一定能睡個好覺，耳邊傳來台灣偶像劇的聲音，回憶不知不覺飄到了多年以前。

「誒，這題怎麼做啊，好難啊。哇！妳都寫完了，好厲害！」

「行了行了，那不就是妳上課不認真聽嘛。」

「咳咳，昨晚跟我媽吵架太晚睡了，今天上課忍不住就睡著了。」

「妳又跟妳媽吵什麼，我天天聽妳跟妳媽吵架。」

「沒事，雞毛蒜皮的小事。誒，時間差不多了，回家了，走不走？」

「嗯，走。」

初中那幾年，可樂和她是特別好的朋友，在學校裡不管做什麼事都在一起，有特別的話要說，怎麼說都說不完。可樂家離學校比較近，都是走路回家，她也願意和可樂走這一段路，路上可樂和她講許多許多，講這一天發生的好笑的，生氣的，有趣的。路是有盡頭的，離別也總是很近的。初三那年，可樂和她約好要努力上同一所市裡最好的高中。他們倆是班上的前幾名，老師、父母也對他們有很大的期望。可樂和她互相鼓勵，一起努力。

因為可樂是班委，當時老師會讓可樂留下來幫其他同學複習，而她也會在旁邊做自己的事情，等可樂。當然，換作是可樂她也會這麼做的。很快中考的時間就來臨了。可樂和她抱著緊張的心情進入考場，出考場後大家都一身輕鬆，她和可樂相視一笑。隔一天，可樂就約她出門看電影，吃飯，唱歌。然後聊到，家裡人的想法，希望去哪一所學校，還有其他。假期很快就結束了，最後她們倆選擇了不同的學校。不知道是什麼原因導致她們當初的約定沒有實現。兩所學校都是好學校，她們都希望彼此能在自己的學校裡好好努力。

「嗯，去了不同學校也不要斷了聯繫啊。沒事就常傳簡訊給我，反正電話是不能打了。」

「知道，妳不要不回我簡訊就好。」

「不會啦，哈哈哈。」

「叮叮叮，叮叮叮」可樂拿起手機一看，七點半了，今天和司機約了八點半出門。可樂爬起來摸摸腦袋，記憶裡隱約感覺有什麼事情。八點半可樂準時出發，第一站七星潭，今天的天氣可好了，陽光、沙灘、海水，好不愜意。七星潭的水特別的清特別的藍，沒有污染沒有垃圾，腳踩在沙灘上，看著海浪一波一波，沒過腳踝，再退去，一來一去從不停歇。可樂往上走一點，坐在沙灘上，看著海水潮起潮落，旁邊的人兒拍打嬉鬧，陽光照進可樂的眼裡，可樂瞇起眼，享受這當下。可回憶好像不自覺地又飄回了過去。

「走咯走咯，咱們去下一個景點。」司機喊道。

司機的聲音把可樂的思緒拉回了當下，可樂拍拍身上的沙，走回車上。車呼呼地開車，風嘩嘩的拍打在臉上，可樂看著窗外的風景，愁緒不知不覺冒了出來。

而今天，可樂收到了她的簡訊：「好久不見，聽說妳在台北，最近剛好在台灣旅遊，有空見一面吧。」可樂看著這樣一條簡訊，久久無法回神，不知道自己該用什麼心情和情緒看這一條簡訊，不知道自己該不該見她，更不知道自己見了她到底該怎麼表現。畢竟，當初是可樂自己先斷了聯繫的。

因為這個簡訊，她今天工作沒完成，被老闆罵了，還加班到現在，情緒從接到簡訊到現在一直處於一個很奇怪的狀態。

可樂說著說著沒了聲，手裡的茶水也一點點地見底了。安靜了好長一段時間。「妳說我該不該去見她？」可樂突然發出來聲音。

「若妳心裡有遺憾，那麼妳就鼓起勇氣。人生有無數的失敗和遺憾，我想，能珍惜的還是不要放棄。但這件事又取決於妳，妳可以好好想想。我去為妳準備餐點。」老闆娘說。

可樂端著茶杯久久不能回神，她現在腦子一團亂，她根本不知道自己該怎麼做。

過了一會兒，老闆娘端著一份剁椒魚頭來了。老闆娘什麼都沒說，給可樂留下來時間、空間。可樂拿起筷子夾起魚肉，酸酸甜甜辣辣，就好像過去的一切，當時經歷的時候是多麼的甜，想起來能讓她笑，而分別時，卻又是酸酸的。現實，讓人感到苦澀，用辣意充斥著喉嚨，無法說出一句話，但最後又能被魚肉的鮮代替其他一切的酸甜苦辣。

而，人生，不就是這樣嗎。

藏在一碗熱粥裡的關心與愛

郭燁

　　一個陽光明媚，天朗氣清的早晨，經常下雨的台北很少有這樣的好天氣了。清風徐徐，吹散了連日來覆蓋在台北上空的陰雲，陽光努力穿過雲彩，灑向大地，穿透樹葉，在地上留下了細碎斑駁的光影。街道上，人來人往，機車轟鳴而過，公車「叮叮叮」的聲音不時響起。一輛標著「專車」的公車停靠在宿舍樓下，一群充滿青春朝氣的男生女生魚貫而出，紛紛擠進這輛公車，趕往學校去上課。

　　在這輛公車倒數第二排靠窗的位置，坐著一個穿著白色棉布裙，粉色風衣外套的女生，戴著耳機，安靜地望著窗外漸漸消失的街景。她的臉色沒有很好，甚至看起來還有一些虛弱，但看得出來，她很努力讓自己看上去好一點，臉上淡淡的神情一如往常。到了目的地，大家都下車了，那個粉色風衣外套的小個子女生走在人群中，不疾不徐。女生找到正對布幕螢幕的中間排坐下，卸下書包放在右手邊的椅子上，摘掉耳機，從口袋裡拿出手機，把耳機收好放回口袋，從書包裡取出本子、筆和水杯，安靜地看著手機，彷彿周遭的一切都被她隔離在外。

　　過了不久，一個高個子的女生背著書包坐在她左手邊的位置上，轉頭問：「筱霽，好點兒了嗎？」被喚作「筱霽」的女生抬起頭，微笑道：「嗯，還好。」「第一天看妳沒來還以為妳就是感冒了，結果連著幾天都沒來。」高個子女生放好本子和筆

袋，一臉擔憂地說到。「嗯，可能真的是季節交替的原因吧。對了，靜姝，這幾天上課的筆記借我抄一下可以嗎？」靜姝推過筆記本，「給妳，趁還沒上課，先抄一會兒吧。」「謝謝！」筱霽的聲音很輕，靜姝知道她大概還沒恢復過來，也就不再跟她聊天了。

上課的時間總是過得很快，下課鈴響，大家都急急忙忙地收拾書包去吃飯，靜姝問筱霽「中午去食堂嗎？」筱霽搖搖頭，「我不是很想吃，下午沒課，我出去隨便找點兒想吃的吧。」靜姝無奈，「行吧，那我先走了，妳記得要吃點兒東西啊！」「嗯，拜拜！」筱霽把耳機插進手機，揣在口袋裡，出了校門，聽著耳機裡乾淨的聲音，走在街道上，微風吹動長髮。看到街角一家木質的小房子，周圍的綠色植物讓它看起來很是幽靜，筱霽停下腳步，看著裡面溫暖的燈光，決定進去看看有什麼想吃的。

推開木質的門，清脆悅耳的風鈴聲，打破了室內的寂靜。一隻懶洋洋的柴犬也坐了起來，歪著腦袋看著進來的女生，可愛的服務生小松帶著甜甜的微笑「妳好，請坐。」筱霽依然選擇了靠窗的位置，工讀生阿斐拿著一張名為「梧葉食單」的空白菜單過去，熱情的介紹：「妳想吃什麼就寫下來吧，我們都可以做，但是要用妳的故事交換哦！」筱霽露出了訝異的表情，然後微笑著拿起筆，寫下蔬菜粥和玉米蛋餅，遞給阿斐並向他道謝，看著阿斐的身影消失在一扇隱蔽的門後。筱霽轉頭望向了窗外，安靜的街道綠意蔥蘢，偶爾有行人路過。

「你好！」溫柔的聲音在桌對面響起。筱霽疑惑地轉回頭，

看到對面拿著兩杯蜂蜜柚子茶的知性女人。她將其中一杯果茶推向筱霽，「我是這家店的店主，妳點的菜已經在做了，現在我想聽聽妳的故事，可以嗎？」「啊，好。但是不好意思，我不太舒服，可能會說得比較慢。」「沒關係，不急。先嚐嚐果茶吧。」「謝謝，很好喝！」

　　「從小體弱多病的我，總是讓家人擔憂我的健康。我的家鄉在中國大陸的北方，大學選擇了這麼遠的地方，雖然家裡很不捨，但南方的氣候更適合我的身體。所以即便擔心，還是讓我來這邊。台灣離我的家鄉太遠了，我每天都很努力地避開可能讓自己生病的事物，不想讓家裡人擔心。但是前兩天我還是生病了，在宿舍裡休息了好幾天。」老闆娘看著對面乖巧的女生，關心道：「今天好點兒了嗎？妳點的東西會不會不夠吃？」「謝謝，好多了，我不是很想吃，夠的。」

　　筱霽低頭捧著杯子喝了幾口果茶，抬起頭繼續道：「在家裡生病，媽媽總會熬粥給我，菠菜木耳或者芹菜香菇胡蘿蔔，溫熱的米粥喝下去，總是讓我暖暖的。但在這邊很久都沒有喝到家裡那麼軟糯的蔬菜粥了，很想念媽媽的味道。而且之前在大陸，我生病的時候，舍友總是會幫忙包一碗熱粥回宿舍，那是我生病時唯一想吃的東西吧。」「對了，妳是我碰到過菜單寫得最細緻的客人，為什麼所有事物都不要放太多食用油呢？尤其是粥，一點油都不要？」「嗯，因為我生病就不想吃東西，吃一口就會噁心。那個時候，舍友總是會關心我要不要再幫我打包菜回去，我總是覺得學校食堂的菜口味有點重，所以都不要。特別開心在這裡可以點我想吃的，所以就點了不放一滴油的蔬菜粥。」

　　「那玉米蛋餅呢？」老闆娘溫柔的聲音拉回了筱霽飄遠的思緒。「哦，因為我們來到台灣上學，重新分配了宿舍，新的舍友很愛學習。我們來這裡第一次一起出去吃東西的時候，我們都點了玉米蛋餅。」這時，黃燦燦的玉米蛋餅被端上了餐桌，筱霽低頭看了一眼，「妳嚐嚐看？」老闆娘遞過一雙筷子。「謝謝，玉米很甜，蛋餅也沒那麼油，很好吃。」筱霽嚐過之後放下筷子，繼續說道：「在這裡生病的第一天是最難受的，偏偏那一天是整天都有課，舍友都去上課了，宿舍裡只剩我自己。上午老師點名，舍友告訴我有幫忙跟老師請假。中午的時候，還發長長的語音消息告訴我，她們有很多可以給我吃的東西，並且告訴我放在哪裡，想吃就自己拿，不用客氣。還說晚上可以早點回宿舍，幫我帶我想吃的東西。」

　　蔬菜粥也被端上了桌，真的一點油腥都沒有，筱霽滿足地喝了一口，看到坐在廚房門口喝水的掌勺大叔，跟他說了聲謝謝，大叔點頭致意。對面的老闆娘坐在位置上喝果茶，筱霽抬頭繼續跟她說：「雖然誰都不想生病，但那也是沒有辦法的事啊！」，筱霽臉上露出了無奈的笑容，「可也是因為生病，我感受到了舍友帶給我的溫暖，真的讓我在陌生的城市感受到了她們的關心。正是因為她們，讓我堅信這個世界的美好，讓我放下所有的不安全感，輕鬆地和周圍的人相處。」

　　老闆娘看著對面女生臉上淡淡的笑容，「嗯，我也相信這個世界的美好，希望妳的身體越來越好。謝謝妳的分享，快吃吧！」「也謝謝妳不嫌棄聽我講的故事無聊，很開心能吃到我想吃的食物。」筱霽低下頭專心地開始吃飯，老闆娘帶著沒喝完的果茶起

身去角落裡，逗弄在正午溫暖陽光下沐浴的小柴。

　　合心意的食物很快被吃光，這也是筱霽這麼多天來吃得最多的一次。向大家道別，筱霽戴上耳機走出了這家溫暖的小店。室外陽光正好，微風不燥，吃飽了的筱霽，彷彿元氣滿滿，輕快地踏上回程的路。

鰻魚蓋飯

陳姝穎

　　一陣秋風把在樹上搖搖欲墜的樹葉全都吹落了下來，在空中四處飛舞。小希穿過這些舞蹈著的落葉，停在一間名叫「梧葉食單」的店門前。木頭門上斑駁粗糙的痕跡是這家店久在的證明，唯有那木頭把手被擦得蹭亮。她拉開門，店內的鈴鐺發出了聲響，落葉似乎也想進這家特別的店看看，但被她迅速關下的門擋在了外面。搖搖曳曳的落了在了門口的石板地上，因此地上鋪了薄薄的一層落葉，紅紅的，別有一番風味。

　　「歡迎光臨」，阿斐高聲喊道。小希露出明亮的笑容，微微點頭，一個人坐在了吧檯上，老闆娘邊翻著書邊說「又來啦？今天來得好早哦，是第一個客人呢。」「哈哈哈因為想大叔做的東西了」。透過廚房的小窗口，她看見大叔也看向她，寡言的大叔只是默默點頭示意。這時，小柴搖著牠的尾巴跑了過來，開心地在小希和老闆娘周圍轉圈，老闆娘從椅子上下來撫摸著小柴，邊抱著牠邊問小希，「今天想吃什麼食物？」小柴安靜地任老闆娘揉來揉去，一臉享受，「今天我想吃鰻魚飯，要很肥很肥的那種鰻魚哦」。阿斐聽到後蹦蹕到廚房去跟大叔說了……。

　　「那今天是什麼故事呢？」老闆娘問。

　　「恩…前幾天，我跟朋友去了遠東 SOGO 忠孝店，就是那家在捷運上的，因為快周年慶了所以去逛逛街，看看有沒有什麼想買的，逛到晚上七點多準備回去，經過捷運站看到一位老爺爺

靠在一個折角角落裡，半彎著身體並向前傾著，手裡拿了一個不鏽鋼的盤子，上面放著幾朵茉莉花串成的花串，可是人來人往，根本沒人在意他。

我當下回避了他的眼神，我不知道他的眼神是堅定的或是迷茫的，因為我也還是個學生，還接受著父母的生活費，沒有多餘的錢可以給他，所以我下意識地逃避了。走過老爺爺後，我的心裡很不是滋味，我覺得不會有什麼人去買他的花串，他即使沒有錢仍想用自己的勞動換取金錢，而不是單單的去乞討，讓別人憐憫他同情他。

有那麼一瞬間我真的很想去買那些花，每到這個時候我就想起媽媽跟我說的：妳能幫助一個人，但是妳不可能幫助每一個可憐的人，因為妳現在還沒有這個能力。是啊！怎麼辦呢？我小時候想，我長大以後要賺很多錢，變成有錢人，然後去做慈善，現在也是，沒變，但是也知道了賺錢是不易的。

然而在那個當下，我想的是為什麼這個社會的貧富差距那麼大？有錢的人那麼有錢，沒錢的人又是那麼沒錢。他們說沒錢人也是可以經由自己的努力變有錢的。是這樣沒錯，可是這個概率比較小不是嗎？因為教育資源的不公等等……，沒錢人家的孩子沒書讀，他們相較於有錢人，更有可能的是一輩子待在他們的小村莊裡或者大山裡」，她歎了口氣，無奈地看著老闆娘，老闆娘也沉思地盯著手中的咖啡，沒有繼續聽到下文後，老闆娘回過頭望著小希，「喝口水吧」。

小希點點頭，喝口水潤了潤喉嚨，繼續說道：「所以我想有

錢去做慈善，可是我不禁又想如果我捐錢給慈善機構，有多少錢能真正到達貧困的人手裡？還是我捐的錢會被那些更有錢更有權的人黑走？想到這裡，不禁對這個社會很無奈還有點失望，這個社會是不是真的那麼黑暗？所以我想以後用自己的實際行動去做慈善，把錢送到真正需要的人手裡！」

「啊～終於講完了……，老闆娘老闆娘，我餓啦」，而老闆娘明顯還在思考剛才的故事，略微過了一段時間才回應說：「好！阿斐你去看看大叔做好了沒？」老闆娘喝了口咖啡，接著對小希說道「妳的願望很大但是很棒，希望妳有一天能夠實現它。不過社會是一個妳看不透猜不透的東西，還是別想那麼多好了！」

「哈哈哈哈！是的，我就希望每個人要是都能貢獻一點棉薄之力去幫助那些需要幫助的人就好了。我還是相信每個人都是善良的。這個社會中還是有很多值得讚揚的人，每個人做慈善的方式不一樣，有的人或許是捐錢，有的人是用自己的實際行動去幫助那些需要幫助的人，所以這個社會應該也還是值得期望的。」就在這時，阿斐大聲喊道：「小希，妳的鰻魚飯來啦！」

小希滿眼期待的看著一步步「走」向她的鰻魚飯，口水都要流出來似的。鰻魚飯一落桌，小希拿著已經準備好了的湯勺一口挖下去，熱騰騰的白米飯上鋪著厚厚肥肥的鰻魚，鰻魚上面還澆著特有的醬汁。一口進了小希的嘴，小希滿足的神情已經說明了一切，老闆娘、大叔、阿斐也都很開心，就連阿柴也高興地在搖尾巴……。

　　就在這時，門口的鈴鐺又「叮叮叮～」地響起來了。「歡迎光臨」阿斐又充滿元氣的說道。小希心裡都是鰻魚飯，根本沒注意到他，直到他坐在了老闆娘的另一邊，小希才漫不經心的看了他一眼。他似乎跟老闆娘也很熟絡……，小希在他的故事中又分了神，邊吃著快要見底的鰻魚飯邊想著自己的故事，看了眼窗外，發現太陽已經落山了，外面的天空已經暗了下來。小希望著窗外開始發呆，被阿斐發現了，老闆娘沒辦法繼續招呼小希了，所以阿斐走過來問她：「小希，今天大叔做的鰻魚飯好吃嗎？」小希回過神來，一邊用力的點了點頭一邊說：

　　「好吃好吃，大叔做的果然不會錯，哈哈哈！」看了眼窗外，小希站了起來，跟老闆娘說「老闆娘，今天的故事還行嗎？」老闆娘點點頭，小希開心地說「那就好，所以今天故事換食物成功咯！時間也不早了，今天我就先走了，下次再來啊！」小希邊起身邊跟大家一一再見，門口的鈴鐺又一次「叮叮叮」的響起來了。

失魂一夜

李雨龍

　　週末的午后，梧葉食單的大門照常打開。阿斐懶懶地拿著掃帚掃著地，他的旁邊是小松，正在照常算帳。阿斐打著哈欠，邊掃邊抱怨道：「真是慘哦，星期六還要上班，我的室友還在宿舍睡大覺呢！」「你該知足吧！我可是 14 天才休 2 天呢。」小松頭也不抬的對他說。「那也不要這麼早就上班啊！啊！這麼早根本沒有人嘛。」阿斐好像天生就很愛抱怨，小松沒有接他的腔，說道：「我倒是很好奇，老闆娘搞那什麼用故事換食物的，那麼多人來講故事，還怎麼賺錢啊。」「誰知道呢，可能她就只是想當一個現代的蒲松齡吧。」

　　「別聊天了，沒看見客人都來了嗎。」這時，老闆娘從廚房走了出來，後面還跟著搖搖晃晃的小柴。阿斐和小松一起朝門口看，果然有個人正推門進來。是一個中等個頭的男人，穿著皺皺的白 T 恤，下身是一條有點發白的牛仔褲，腳上是一雙黃色的拖鞋。男人的臉上滿是鬍渣，叼著一根沒有點燃的煙。眼睛微眯，顯得有些無精打采。

　　男人剛走進來，小松就急忙上前，說道：「先生，這裡不可以抽煙哦！」男人把菸從嘴上拿下來，說道：「啊，我沒有抽，我就是喜歡叼著而已。你們……這裡是不是……有個說故事換食物的活動？」小松微笑著說：「是的！請您先找個位子坐一下。」男人找了個位子坐了下來，老闆娘來到她旁邊，問道：「請問您

要點什麼呢？」小松也湊到旁邊，相較於故事，她更想知道客人會點什麼稀奇古怪的菜。男人又把煙叼在了嘴上，看著天花板想了想，說道：「啊，就來份大份的豬油拌飯吧。」「豬油……拌飯？」「怎麼，有什麼不對嗎？還是說你們不會做？」小松忙搖頭道：「不是不是，只是沒想到您會點得那麼……簡單。」老闆娘說：「客人點什麼你就上什麼，哪來的那麼多廢話。」

過了幾分鐘，豬油拌飯被端了上來，男人本來無神的眼睛突然亮了。那麼一大碗的飯就被他這麼抱在懷裡狂吃了起來，不過想到還有故事要說，他就邊吃邊說了起來：

「這是阿龍第一次跟著大家一起去KTV，到目的地的直線距離只有一公里，但卻走了很久。二十多人的隊伍浩浩蕩蕩又稀稀落落，1點的街上只有他們一群人，那長長的街被他們快活的氣氛塞滿。

終於還是到了麥樂迪KTV，二十多人的嘈雜終於可以在一個密閉的空間爆發。人群在大廳裡七嘴八舌的討論著，興奮地等待著一會兒的大展歌喉。

當服務員打開門的一剎那，人就像開閘放水一般蜂擁而入。一束鐳射燈的紅藍雙色光散在了牆上，二十幾個人擠在這狹小的包廂內，沉悶與躁動並存。這是阿龍第一次認識到什麼是燈紅酒綠，紅紅的燈在牆上跳動，而暗暗的光落在桌上，啤酒也被映得綠了。

阿瑾一隻手彷彿伸出了五米長，其他人剛進來，她點的歌就響了起來。阿瑾把左手舉了起來，擺了個很風騷的pose，KTV

瞬間變成了舞廳。阿龍是第一次看到竟然有人會在 KTV 裡跳舞，而且還是阿瑾。阿龍知道她在熟人面前很放得開，但沒想到能放得那麼開。阿瑾就像被上了發條一樣，每一首歌都能憑她那幾個簡單的舞蹈動作跟著伴舞，就好像永遠不會累一樣。期間還送給坐在地上的阿龍的腳趾一腳。

阿龍一直很不喜歡 KTV，不喜歡它的氛圍，不喜歡它的唱歌方式，不喜歡來這裡的人。直到這次來 KTV，他終於改變了對 KTV 的看法。他以前之所以會不喜歡 KTV，是因為人不夠多，還不夠熱鬧，這次來了以後，他終於變得不那麼討厭 KTV 了。

之前殘留的喜歡的假象，原來要用極致的狂野才能撕裂。音浪實在太強，阿龍像狂風中的麥穗，快被它吹折了腰。現場又彷彿用 100 分貝嘈雜的嚎叫去切割，把阿龍連著附近的空間一起剔除掉，這讓阿龍能像旁觀者一樣冷眼旁觀這一切。房間裡被大家的情緒所鋪滿，有宣洩的紅、激動的黃、互動的橘、舞動的綠，還有阿龍冰冷眼裡的黑。

阿龍用眼睛慢慢地審視著這群人。阿坤正拿著麥克風引吭高歌，平時無精打采萎靡不振的人，這時也可以煥發第二春。他站在沙發上，和對面的人大聲的合唱著情歌，就像一隻打了興奮劑的母雞，揮動著翅膀上躥下跳。

小水，平時話不會停的女生，夜店的常駐客，這時也只是看著周圍女生的嘴一張一合，偶爾變換一下自己尷尬的姿勢。她對面的綠綠，酒吧的 VIP 成員，酒桶裡泡大的人，這時也是安靜地坐在角落，喝著果汁。但這也僅限於沒有麥克風的時候，一旦麥

克風在手上，就像插上電的吹風機，又融入這歡快的大家庭。

真正格格不入的人有嗎？當然，他們在 KTV 裡永遠不會是少數。阿爽坐在沙發最中間的位置，有時看著前面的螢幕，有時又看看旁邊的人，偶爾也閉上了眼睛，但最多的時候還是盯著桌子上的杯子。阿花和大力一直坐在沙發的側邊，一首歌也沒唱過，最多的還是看對方的手機，還有笑著咬耳朵。他們什麼時候變得那麼好了？

阿龍點的歌被不斷的插播，終於輪到他了。他拿起麥克風唱了起來：「全世界，好像只有我疲憊，無所謂，反正難過就敷衍，走一回，但願絕望和無奈遠走高飛」四、五個人都跟著他唱了起來，就算沒有麥克風，聲音也能壓過阿龍，很顯然大家都很喜歡這首歌。這首歌很快在歡快而祥和的氛圍中結束了。

聚會還沒結束阿龍就走了，因為他還有作業要做。他交了 400 塊，唱了 3 首歌，很划算。一個人舉著傘，走在回去的路上，這是他第一次看凌晨 5 點的中山路。他看著天空，想著雖然冬至過了，但天還是亮得晚啊。」

故事說完了，男人的飯也吃完了，他正拿著牙籤在剔牙，不太懂他光吃飯而已，剔牙幹嘛。阿斐和小松面面相覷，實在不懂這男人到底講了個什麼奇怪的故事。不過他也只是吃了個豬油拌飯而已，不算太虧。

男人放下了牙籤，又叼起了他那皺巴巴的菸，慢悠悠地走出了梧葉食單。

隔夜咖哩

林璐

　　台北，這個熙熙攘攘的大都會中，漸漸昏暗的夜裡，形形色色的人們來去匆匆。幽暗靜謐的巷弄裡，一陣清冽的寒風吹落了黃葉，發出沙沙的響聲，拐角處昏黃柔和的燈光正吸引著一個個孤獨的靈魂，「梧葉食單」開始了晚餐招待。

　　「梧葉食單」的顧客中大多數是附近的大學生，小林也是一名常客。這天，晚上的課下課後，小林拖著疲憊的身體走進餐廳。小柴和往常一樣跑到他的腳邊，今天他似乎不大開心，不像平常總會逗小柴玩好一會兒，只是摸了摸頭就找位子坐下了。

　　「今天也是吃咖哩飯嗎？」老闆娘遠遠的問道。

　　「嗯，咖哩魚蛋飯。」小林答。

　　「好，很快哦！」老闆娘高聲回應。

　　坐在籐椅上的小林感到百無聊賴，從一旁的書包裡翻出了纏亂的耳機線，便沉浸在自己的音樂世界當中。

　　一首歌的時間過去了，老闆娘把咖哩飯端上了餐桌，「久等了，快吃吧！今天這麼晚下課，辛苦啦。」她拍了拍小林的肩膀說。

　　小林取下耳機，擠出了一絲笑容，有氣無力地說了一句「謝謝」。便又起身去取來勺子，盛上一碗熱氣騰騰的味噌湯。

　　鮮美的湯頭和嫩嫩的白豆腐激起了小林的食欲，舀起一勺濃濃的咖哩，澆在正冒著白煙的米飯上，吃下第一口香醇的咖哩飯。金黃的魚蛋入口，筋道Q彈，辛香誘人。

　　一口接著一口，盤裡只剩下沒動幾口的咖哩飯，而魚蛋已經全部吃完了。小林覺得自己實在沒有胃口了，便走往櫃檯結賬。

　　老闆娘好奇地問道：「今天怎麼了，沒吃幾口就要走了？」

　　小林一邊掏出錢放在碟子上一邊說：「嗯，今天挺累的，實在是沒什麼胃口。」

　　老闆娘說：「今天不用了，你都沒吃幾口，我給你留著，明天再來吃，隔夜的咖哩飯有不一樣的味道。」

　　小林不大明白，問道：「隔夜的飯菜不是不太好嗎，不一樣的味道難道還會更好嗎？」

　　老闆娘說：「明晚一定要來，不會讓你失望的。」

　　小林從碟子上拿回錢放回錢包中，說：「好，那我明晚一定會來的，謝謝。」

　　夜色越來越昏暗，皎潔的月光照著小林走回宿舍。

　　繁忙的一天又過去了，期中考複習和學生工作壓得小林近乎喘不過氣，他拖著疲憊的身體又來到了餐廳。隔夜的咖哩飯究竟有怎樣的特殊味道？

　　「你來啦，我幫你上昨晚的咖哩飯，肯定很美味，你一定會喜歡的。」老闆娘欣喜地說。

「辛苦啦，那我先陪小柴玩一會兒。」小林捏著小柴的耳朵說道。

「那我也要一份咖哩飯吧。」隔壁桌正在菜單上犯選擇困難症的小璐，聽了老闆娘和小林的對話趕緊應和著說道。

老闆娘連忙回道：「好的，沒問題，請稍等。」

小璐是第一次來到「梧葉食單」，作為這附近大學的一名住宿生，小璐是一名十足的宅女，點外賣和配著影片下飯才是她的日常。偶然間在朋友圈看到了這家特別的店，裝潢舒適，飯菜可口，外賣平台上又搜不著，宅女也難免產生了好奇心，一下課就走街串巷找來了。

「柴犬真的好可愛，牠好像很喜歡你呢。」小璐說。

「是啊，牠叫小柴，和人都很親近的。」小林回過頭說道，「來，小柴陪姊姊玩一會兒吧。」

不一會兒，老闆娘先端上小林的隔夜咖哩，又端了兩盤剛煮好的咖哩飯。今天店裡的客人不多，所有的飯菜都上齊了。老闆娘坐在小林的對面，也吃起了咖哩飯，她抱著小柴說：「快試試吧，咖哩隔夜更加甘甜入味，也更香醇濃鬱。」

「好，我試試。」小林嚐了一口說，「嗯，確實更好吃了。」

「真的嗎，為什麼呢？」一旁吃著剛做好的咖哩飯的小璐問道。

老闆娘摸著小柴說：「咖哩是一種用各種香料按照自己口味

調製而成的調味品，香料的選擇很多，每一種香料都有自己獨特的味道，混合在一起就熬製出了這種相互衝突但又彼此和諧的口味，而時間讓多種香料互相融合，隔夜咖哩產生的香氣也更好地滲入到了食材當中。」

「哎，說得我也好想吃吃看隔夜咖哩。」小璐說道。

小林一口接一口地吃完了咖哩飯，說：「咖哩的感覺就像歡樂夾雜憂傷，激情夾雜平淡，憧憬夾雜無奈，拼搏夾雜辛勞。美味的咖哩需要等待，堅持努力下去，一定能有所進步。成長就像咖哩香料的入味，都需要時間的磨礪。」

小璐邊吃邊吐槽：「哎，最近的期中考好多課題報告，還要準備幾場考試，好累。又要理順管理學知識，又要記誦台灣歷史，可憐的大陸妹就快被煮熟放到咖哩飯上讓人吃掉了。」

小林鼓勵道：「再堅持一下，再努力一點，一定能看到好的成果。」

「嗯！」老闆娘點頭道：「加油吧。」

小璐從桌角拿出了「梧葉食單」，對老闆娘說：「我也要嚐嚐隔夜咖哩的滋味。」

「沒問題，我剛好有多煮，你寫上吧。」老闆娘說。小璐將寫好了「隔夜咖哩」的單子交給了老闆娘，老闆娘拿起逕直走向店裡那面軟木板，紮在上面，「好了。」

店裡的其他客人都走光了，小柴也跑回窩裡，小璐終於吃完了鮮美的咖哩飯。小林和小璐背上書包準備回宿舍了，然而綿綿

的陰雨卻阻擋住了忘記帶傘的小璐。「老闆娘，請問您這裡有多的傘嗎？」「不好意思啊，沒有考慮到這個。」「沒事，這麼晚了，夜路很黑不太安全，我護送妳回去吧。」「真是麻煩你了。」「沒什麼，反正順路。」

滴答，滴答，雨滴落在「梧葉食單」的房檐，就像時間一樣慢慢溜走。微風拂過，屋簷下的風鈴叮叮噹噹發出清脆的響聲，引人入夢。

一個像夏天，一個像秋天

唐爽

Jane 走進餐館，心裡覺得蠻開心的，但一時想不到也不知道要點什麼。老闆娘就說，不如妳講故事，然後我再幫妳決定今天吃什麼。

Jane 說：「這樣也好，這種方式蠻適合我的，我剛好想找個人聊一下」。老闆娘先遞給她一杯拿鐵，Jane 手握拿鐵，熱氣騰騰，開始說出她的故事。

Jane 很激動地對老闆娘說：「阿姨，妳知道嗎？我是從大陸來的交換生，可以在台灣待一年的時間，我來之前就想好了，一定一定要看一次小巨蛋的現場演唱會，因為真的很羨慕，也真的很喜歡，我喜歡的歌手有很多，像五月天、林憶蓮、林志穎、周杰倫等等，不過我最喜歡的還是范范（范瑋琪），沒來之前真的很期待能聽一次她的現場演唱會，感覺如果真的是那樣的話，我在台灣這一年的時間都值得了。

妳知道嗎？阿姨，我真的如願以償了，我人生當中第一次看演唱會──范瑋琪，在幸福的路上。我真的買到她的演唱會的票了，超級激動。我很喜歡范瑋琪，喜歡她五年了，第一次看她的現場演唱會，真的很開心。還有喔，妳知道我為什麼會如此喜歡她嗎？有如此多的優秀歌手，為什麼會偏偏喜歡她一個人，喜歡了如此多年？」老闆娘用溫柔的眼神看著 Jane，然後也笑咪咪地說：「確實喔，那原因到底是什麼呢？」

Jane 手舞足蹈的說：「那是因為我覺得她的歌聲非常特別，有些許地沙啞，但又包含了渾厚的色彩，聽她的歌，會有種聽海邊浪花拍打海岸的那種感覺，每一次的浪聲都不一樣，她的每一首歌所用的聲音也是不同的；還有呢，我喜歡她現在的生活狀態，一家人信奉上帝，每天懷抱著一顆虔誠的心來生活，同樣身為基督徒的我也很能體會這種感受，我們在愛自己、愛家人的同時，也要愛上帝，保有一顆敬畏之心。」老闆娘很贊同的點點頭。

Jane 喝了一口咖啡繼續說：「其實，最初喜歡她，就是喜歡她的那首《一個像夏天，一個像秋天》因為她這首是寫閨蜜情節的歌，我的閨蜜兩個手就能數出來，並不是非常多。但是她們每一個人都很貼心，我們之間可以無話不談，經常互懟，亂開玩笑，一起 shopping、一起 high 歌等，這是我們之間的小日常。我覺得這首歌唱出了我們的這種感覺，『如果不是妳，我不會確定朋友比情人更值得傾聽』。妳可能會覺得她這些歌很普通，但我覺得只有經歷過，才會感覺到聽到這首歌所感受的共鳴。」

Jane 此時眼神也慢慢沉默下來，然後慢慢地說：「之前和男朋友分手後，感覺真的很難受，我也不知道該如何排解，雖然也有和朋友們聊天、傾訴，但不可能時時都找她們聊天，也會有自己獨處的時候。那個時候，我一直在聽范范的《到不了》：『我到不了，我找不到，你所謂的相愛的美好』，聽著歌，邊聽邊哭，感覺就像有個人一直幫我紓解。每每聽到這首歌，真的會有種想哭的感覺，感覺自己很傻、感覺自己怎麼能為這樣一個人而投入如此多的感情呢？明明知道已經什麼都回不去了，還在那裡哭什麼呢？過了那段時間後，自己也慢慢地走出來那段陰影。

　　我想，是不是每個女孩子都會經歷這樣一個很神經質的階段，可能只有經歷過，才能成長，但再想想，也許這是上帝的安排，祂希望我經歷情竇初開的懵懂時刻、也希望我體會愛情的酸甜苦辣。可能也是這樣才使我有緣能與范范的歌相識，才能讓我更瞭解一個人，讓自己變得更成熟。」

　　老闆娘也喝了口茶，然後說：「其實世界上的一切事情也都是如此，姑娘，妳要相信，上帝一定會把最好的人安排給妳，妳需要做的就是好好提高自己，靜候他的到來。」

　　Jane 也非常感動地說：「嗯嗯，我會做到的。前一陣子我一直在準備 IELTS（國際英文測驗系統），而舍友她們都在準備研究生招生考試，那段時間我真的很孤單，很多苦和累也不知道跟誰說，別人對自己的安慰也都是圈外的感覺。因為只有自己懂，自己到底在苦惱和鬱悶什麼？

　　那段時間，我也聽她的《最初的夢想》：「如果驕傲沒被現實，大海冷冷拍下，又怎會懂得要多努力，才走得到遠方；如果夢想不曾墜落懸崖，千鈞一髮，又怎會曉得執著的人擁有隱形翅膀。」每次聽完這首歌，總覺得自己真的不能放棄，一定要堅持下去。因為每次都會想起自己當初為什麼會選擇走這條路呢？當初的決心和毅力在哪了呢？每次聽這首歌都有種充滿活力的感覺，滿滿的鬥志。還有，在現代這個社會，很多人談及心靈雞湯，都會有種嗤之以鼻的態度，我很不能理解這種反應，整個社會需要正能量、需要溫暖，而不是那種冷冰冰的刻薄對待他人、甚至對待自己。」

Jane 繼續說：「我剛剛也提到了，我喜歡范瑋琪，尤其是喜歡她現在的那種生活狀態。她有一個非常愛她的丈夫，他們相愛十年，在美國的 NBA 現場求婚，真的超級浪漫；她有雙胞胎兒子，真的非常可愛；而且她還有一群超級好的閨蜜——小S、大S、吳佩慈……，她的這一切並不是虛假的，我在某種程度上不太贊同一些人所說的，認為這些名人都是被媒體這團迷霧所籠罩，我們不能區分她們的真與假。我承認是會有一些名人借助炒作，來博得更多的關注。但我想說，無論是歌手還是說其他的藝人，他們歸根結柢也是人啊，他們不可能每天的生活都是虛構的吧？

而且呢，我也相信絕大部分的媒體對這些名人的報導都是正面的、積極的。可能這也就是我個人的想法，但我覺得這就足夠了，我們喜歡或是欣賞這些名人，不僅僅是她這個人，更是她成為名人前的艱苦歷程。就像我喜歡范瑋琪，喜歡她帶給 fans 陽光開朗的感覺，讓我也期待自己像她一樣勇敢追夢。」

老闆娘眼角閃有淚光，說：「我真的為妳感到高興，祝妳好運，我的孩子。而且我也想好了，今天給妳的這道飯就叫做——LUCKY GIRL。」Jane 也很開心的想品嚐這一道美食了。

活

孫雨

深夜 11 點。

可能是外面斷斷續續下了一天雨的緣故，今天的客人有點少。大叔在簾布後的廚房整理著今日的食材，小松和阿斐一人戴著耳機的一邊在手機上看著什麼，老闆娘站在櫃檯後，在帳本上記錄著今天的盈虧，小柴趴在她腳邊打著瞌睡，小舌頭時不時伸出來舔兩下嘴巴，似乎夢到了什麼好吃的。

「今晚應該不會再有客人來了」，老闆娘這麼想著，幾乎在她這個想法落下的下一秒，梧葉食單的木製門被推開，在寂靜的夜晚中發出微小的「嘩」的一聲。四個人同時抬起頭，小柴也醒了過來，眨眨眼，又睡了過去──第一眼看到的是推開門的那隻手。怎麼說呢？白，又不太像蒼白的那種白，倒像多日不曾見過陽光的那種透明的白色。

「是一個很漂亮的女孩子呢」，老闆娘把視線移到女孩子的臉上，像帶著水汽進來的，女孩子整個人霧濛濛的，有著一張不施粉黛的臉，五官溫柔得恰到好處。她朝這個女孩子微微一笑，女孩子象徵性地抿了一下嘴角，「看來是個有心事的女孩子呢。」小松摘掉耳機起身引導她入座，大叔放下正在整理的食材開始洗手，阿斐也站起來走到落地窗邊，把「正在營業」的牌子轉向店裡的方向，老闆娘把空白菜單和筆遞給女孩子。

「是第一次來吧，似乎還沒有見過妳。」可能是為了和女孩

子拉進距離，老闆娘這麼問她。女孩子點了點頭。「知道我們的點單方式嗎？」她看到女孩子俐落的開始在空白菜單上寫字，收起了準備好的介紹，女孩子又點了點頭。老闆娘見狀，也不再說話，低頭認真地看著女孩子寫字，女孩子的字跡靈秀，卻又不失挺拔，像她給人的感覺一樣。

「一杯抹茶，不加糖」，旁邊還有一行小字的備註──拜託，讓我把故事寫給妳看。老闆娘挑了挑眉，把菜單遞給阿斐讓他送到小廚房，然後推回一個便簽本給女孩子。

「妳相信男生和女生之間有真正純潔的友誼嗎？」這是她寫下的第一行字。接著她頓了頓，時間太短，老闆娘甚至以為這是她的錯覺。

我和我男朋友在一起一年了，前幾天我無意間看到他和一個叫小 A 的女生在手機上聊天，內容是「沒關係妳還有我啊」，當時我說不清是什麼感受，只覺得整個世界都在不停旋轉。

『還有我，還有我，還有我，有我……』，我耳邊充斥著這句話，像發了瘋的海妖的聲音，刺耳無比，我清楚的知道這句話不是我男朋友對我說的，真的很可笑不是嗎？我男朋友對別的女生說你還有我，他之後跟我解釋，這是他同一個小學、初中、高中、大學的哥們。雖然是個女生，但他並沒有把她當做女孩子看過，她剛失戀，他只是在安慰她，要在一起早就在一起了，妳不要多想。他解釋了好多，我像是聽進去了又像是沒聽進去，然後他便不再說話了。其實他是個不愛解釋也不會解釋的人，他這個樣子我不知道是該慶幸還是悲哀。」

「好多次都是這樣。」

「我們分手吧。」

「我聽見自己異常冷靜的聲音。」

「我轉身走了。他已經給不了我安全感了，我這樣想著。」

「接下來的幾天裡，我把自己關在屋子裡，每天陪伴我的是手機的訊息提示音，是他的好友申請。對，我把他列入黑名單了，我就是這麼幼稚。

又過了兩天我發現事情嚴重了，因為我發現自己已經離不開他了，手機不再有提示音進來，我卻開始恐慌。其實這也沒什麼不是嗎？紅顏知己，很正常啊，幾乎每個人都有的，而且他什麼都沒做，以前每次我無理取鬧都是他好脾氣地來哄我，我掉眼淚他會心疼，他是愛我的，我應該給他一次機會吧。我很亂。於是我去問了朋友。

朋友說他並沒有我想像中的愛我。我會莫名為他解釋──他只是不會說話罷了，他只是覺得自己和那個女生什麼事情都沒有罷了，他會做別的男生不會做的事情。雖然很多都是很小的事，他會在外面凍兩個小時等我下課，會幫我買飯，會把傘傾向我這邊，會把衣服脫給我穿然後冷到瑟瑟發抖還很開心地對我笑，像個傻子一樣。可戀愛中的人都是傻子不是嗎？我現在還記得他跟我表白時紅透的耳朵，嗯，是耳朵。我覺得特別可愛。」

「朋友跟我說，妳看，妳是有答案的。」

女孩子不再寫了，她皺著眉，似乎在思考著什麼。

「妳相信嗎⋯⋯」她又寫下這幾個字。相信什麼呢？沒有了。

老闆娘靜靜的看完，潦草的字跡和凌亂的邏輯也凸顯了寫這些文字的人的煩亂。

「從心」。老闆娘在末尾寫下了兩個字。

她相信她是一個通透的女孩子，她會懂的。就像她懂她。

女孩子愣了愣。

「謝謝。」

這是女孩子今晚說的第一句話，也是最後一句。似乎是因為很久沒有開口說過話，她的聲音有點沙啞，卻又不出意外地好聽。

那杯抹茶還放在桌上，不曾有人動過。為什麼會選抹茶呢？女孩子知道，老闆娘也知道，淺淺草綠，淡淡清香，入口卻是澀澀，這箇中滋味，恐怕只有經歷過的人才懂吧。

女孩子離開後，小松和阿斐都圍了過來，嘰嘰喳喳地問著剛剛的故事，這次老闆娘沒有像平時一樣講給他們聽，只是說「沒什麼，只不過是⋯⋯走過我來時的路。」老闆娘突然覺得有些全身力氣被抽掉的感覺。

大叔在小廚房聽到後，眼眸的顏色沉了沉，沒有說話。

若苦

王璐琛

　　梧葉食單最近處的一個十字路口，路人正瘋狂的和從全世界襲來的颱風爭搶自己的傘。要死要活最後自己的傘仍然會被奪回來的，但是所有途經那個路口的人，都彷彿被全世界狠揍了一般，臉上通通流露出失敗者的不甘。

　　冉幾乎是被風趕到了梧葉，當然今天她沒有課，被風吹到哪裡就是哪裡。沒有課的日子，即使恰逢颱風天，也要珍惜。冉其實並非是被風吹來的，是慕名而來。

　　室內的溫熱將霧氣蔓延在窗上，讓老闆娘不得不拭去那些密集的水珠。她的抹布剛剛經過那扇玻璃門，便看到一個跳動著的藍色大衣輪廓的影子正在慢慢放大，伴著緊湊的落雨聲和濕答答的腳步聲。

　　冉在門口的地墊上蹭掉自己腳底的泥水，一抬頭便望見了窗格裡的老闆娘，兩人對望而笑，門自然而然的開了。

　　「請坐。」冉不假思索的在菜單上寫下「Americano」。

　　「要不要嘗試 Long black？」

　　「不用了，我喜歡苦味重一些的，糖和奶也都不需要，謝謝您。」

　　冉坐在靠牆的位置，斜後方坐了兩個男孩子，經過他們的時候，她原以為和自己同樣也是大學生。店裡的空氣安靜卻不凝

滯，過了午餐的用餐時間，店裡的客人很少，兩個男孩子你一言我一語的聊著，手裡各自握著清酒。

「……當時他正在談分手，而我在談結婚。我一直沒有告訴他我的進展，因為我還害怕反差太大惹他生氣！」

「那你確實也夠朋友，哈！」

原來不是大學生，但是看起來和自己也差不多，冉暗自想著。

「那時候需要提親，你知道嗎？但是我去過她家了，也見過她的父親，可是後來就沒了音信，我知道她在她家裡面……。」

「有時候就是這樣，談戀愛是談戀愛，談結婚是談結婚。」

「其實我們兩個也說好的，如果不行就不勉強……主要是她爸爸不同意……她自己也沒什麼堅定的……。」

老闆娘走來，端給冉一小碟香草雪球冰淇淋，這是小贈品，讓她先等一會兒咖啡。暖黃的光打在冉的頭髮上，冉低頭挖著雪球，暗自重複著他倆的對話。就著涼涼下肚的東西，他們倆的故事也涼涼的了。「縱使已經是故事了，涼涼的如同進了用來冰凍的冷藏室，取出來後，便是冷飲的風味了，一口下去也不比冰淇淋差多少吧。故事雖然是故去的，誰會要求冰淇淋是暖的呢？」冉默默想著，冰淇淋含在嘴裡，嘴角也默默彎曲。

Americano 滾著焦黃的熱泡，香味氤氳。冉吹了吹慌張上升的煙氣，便準備下嘴呷第一口。

「誒！可小心別燙著自己！」

冉的咖啡搖晃了一下。

「哎呀！姊姊，瞧妳，我還沒被燙著就被妳嚇著了！」冉佯裝生氣，並努著嘴看著老闆娘，就好像兩人早就認識，就好像老闆娘真的是她的姊姊，而其實兩人才剛剛見面。

「妳這麼耐燙嗎？可真是厲害⋯⋯」姊姊坐下來，看著小妹妹一口一口的沿著米黃瓷杯的杯沿呷著咖啡，小妹妹也偶爾抬眼調皮的對她笑笑。

「我一直這樣喜歡熱乎乎的喝美式。」冉放下杯子，「這樣才夠味兒。」

「很多客人都是加糖，或者怕口味太重而加奶，你小小年紀喜歡苦的？」

「姊姊妳看起來也比我大不了多少吧？別謙虛否認唄！您的芳齡早暴露在臉書的粉絲專頁上了，您是個大方的姑娘啊！」冉又呷了一口咖啡，「我之所以喜歡美式，就是因為它純粹的苦味不糾纏任何的香精和糖精，讓我心情舒展，消除疲乏，甚至有一種回家的感覺。其實，很多人都喜歡美式的苦味，碰巧您的客人可能更喜歡甜的溫的。」

「妳是什麼時候開始喝咖啡的？」

「國中，莫名其妙的要考試卻沒有精神，被坐在同一桌的同學灌下咖啡，從此走上不歸路。」

　　沉默了一、兩秒，咖啡竟然已經見底。「我乾了，瞧！」冉的臉紅紅的望著老闆娘，「現在我們結賬吧？」

　　窗外的雨聲仍是不停歇的，路人的尖叫聲也遠遠的聽得清楚，梧葉食單只亮了一盞燈，燈下的兩人，兩杯檸檬水。

　　「其實什麼都沒有發生，然後我就失戀了。對不起，姊姊，咖啡很好，但是故事可能會廉價得不行……。」

　　「我猜是……暗戀？」

　　「您猜對了一半，我喜歡上的是一個不可能的人。簡單的說，就是三個人的故事，極具戲劇化的是，那個女生非但不是我，還是我可以交心的朋友。」

　　「他們跟我公開的日子是我的生日，那天只有我們三人，真是諷刺。那晚忘記自己的生辰，只當為他們倆『慶祝』喝到爛醉。妳知道嗎，喝酒是一種病，故意生的病。那隻野生動物關在心牢裡，讓它出來透個氣。想不起自己的那夜是怎樣從打入夢境的戰役中勝利的，不過可想而知，即便是勝了，也是死傷過半。」

　　「她知道妳的心意嗎？」

　　「我很幸運，她不知道。」

　　「那妳的兩個朋友現在在妳身邊嗎？」

　　「她不在台北，她在淡大，他也在淡大，而我在台大，這種距離不遠，竟然可以每週聚會敘舊。上週我中斷了跟他們倆的聯絡，我說報告多得沒辦法呼吸。」

「這兩人都是我的好朋友，淡大的確是一個適合談戀愛的地方。不說這個了，姊姊，你知道心碎綜合症嗎？想起一個人的時候就會從左胸開始慢慢擴散的痛，肉體的痛，幾乎沒有藥可以止痛。無奈那天關了筆電去了咖啡廳，我忘記跟老闆要奶球和糖，竟然意外的發現純粹的 Americano 那樣好喝，甚至那種濃烈的刺激舒緩了我的痛感。」

「良藥苦口對嗎？苦日子總是這樣的，總要受過苦日子才懂得苦的滋味。」

「是這樣的。只是那天突然在公車上看到了媽媽和孩子在說喝藥的事情，媽媽要小朋友乖乖喝藥，這樣病才會好得快。我突然想到我的媽媽，小時候餵我喝藥，我每次一口氣喝掉那苦味很重的藥水，媽媽都會把手邊的白開水趕緊端給我。每次看到我喝下去都會誇我『冉冉真勇敢，冉冉真勇敢』，小時候不顧苦味那樣果決吞下的樣子還仿若昨日，可是長大以後呢……我一個人在公車上哭到哽咽，那是我哭得最徹底的一次。」

「唉，可是你接下來該如何打算？」

「實話說，我不知道。我能想到的最壞的結果就是揭穿一切，但是我已經累了。我不缺朋友，同伴們也都好，時間可以慢慢過，我不準備和他們再聯繫什麼了……。」

「看來妳已經把藥喝光了。人總要長大，成熟，這算是一個不小的關，過了你就贏了。」

「是啊，我贏得好累，無敵了……。」

　　窗外的雨聲漸漸小了，小柴還在門口的窩裡睡著，窗口又出現了一個晃動的身影，門口響起摩擦地墊的聲音。

　　「姊姊，時間不早了，我該走了。謝謝您今天陪我聊天，咖啡很好，我會再來找您的，生意興隆，下次我也要聽姊姊的故事哦！」

　　「或許下次，我希望等到兩個人一起來。」

　　「好的。」冉臉上的紅暈還在，眼睛裡閃爍了一下，便轉頭打開了門，原來雨停了。

　　……

　　「歡迎光臨！」

掙扎後的方向感

韋芳

　　漸漸地，台北的天氣涼了，風也冷多了。早晨凜冽的寒風吹到臉上就像刀刮一樣，路旁的樹枝在風中狂舞著，那乾巴巴的樹枝，不時發出喀嚓喀嚓的聲音。路邊枯萎的草，無精打采地耷拉著腦袋，在狂風中顫慄著，發出沙沙的聲音。而外表裝飾帶有古風古味的一家店的門前有一個徘徊很久的女孩，她的名字叫小朵，如果再認真再仔細瞧瞧，透過她的眼神就會看到淡淡的不安與哀傷。風依舊呼呼作響，周邊樹木的一片片葉子依舊伴隨著縷縷冷風無規則的狂舞著，像是在抗議，又像是在鼓動著一個人。終於，小朵閉了閉眼睛，鼓起了勇氣走進眼前「梧葉單食」這家店。

　　店裡面的古典風味更是濃厚，裡面的各種設施主要以原木為材料，設計很簡約，卻讓進去裡面的人在無形中就感受到一股大自然的氣息，透過明亮而又柔和的暖黃色燈光，無一不是充滿著寧靜與溫暖。小朵很快找到靠在窗邊的一個位置坐下，然後靜靜地向窗外望。此時店裡面一個可愛的女服務員帶著微笑及一本菜單向小朵走過來，女服務員走近小朵輕問候道「小姐，您好！這是我們店裡的菜單，您看看您需要點什麼呢？」而此時的小朵還是靜靜的望著窗外沒有任何回應，似乎全世界就只剩她一個人。女服務員看到小朵看窗外入神沒有立即回應她，微微提高了一下嗓音又問叫到「小姐，小姐」，然而小朵還是沒有任何的回應。這時店裡面的老闆娘看到此情景連忙用手勢比「噓」的動作

讓女服務員停下，得到老闆娘的指示，女服務員點了點頭立即退了下去。接著老闆娘端起一杯水還拿著店裡面的菜單，帶著一股優雅的氣質緩緩地向小朵走過來。走到小朵的面前輕輕把杯子和菜單一同放在小朵所在的桌子上，老闆娘隨之也在小朵的對面坐了下來。小朵感受到周圍的動靜，慢慢回過頭。一眼就看到老闆娘親切和善的笑容，小朵那原本繃緊的心瞬間得到了絲絲鬆解。

看到小朵有了回應，老闆娘微笑著邊遞過菜單邊問道「小姐，妳好，我是這家店的老闆娘，請問妳有什麼想吃的東西嗎？這是我們店的菜單唷，你看看裡面有什麼想吃的都可以點。」小朵接過老闆娘遞過來的菜單，翻到最後一頁「梧葉食單」說：「我……」。老闆娘看到小朵欲言又止的樣子，就大概猜出了這個女孩應該是有什麼心事埋藏在心，裡壓抑很久了。

老闆娘說：「小姐，那是我們店裡最近推出的一項特別的活動」。小朵一聽頓時好奇心湧上心頭，於是問說：「什麼服務？」，老闆娘回答：「最後一頁是我們店裡特別推出的『以故事換食物』的服務，就是客人在空白菜單上，寫下自己當下想要的食物；但必須分享一個故事，作為交換。若客人不知道想吃什麼，可以先講故事，再由我特別訂製食物贈予對方，並且會在食單上寫下這個食物特別的名字哦。」

小朵一聽覺得這個蠻有意義的，於是就對老闆娘說：「我現在暫時想不到要吃什麼，但我這裡確實有一個壓抑在心裡很久關於自己的故事，不敢說給身邊的同學聽，都長那麼大了，這種心事說出來挺害怕被笑話的。」老闆娘立即回答「可以哦，無論小

姐說出什麼樣的故事來，我都是你最忠實的聆聽者」。小朵道「謝謝」。

接下來小朵開始慢慢訴說她心裡面的故事：

「有一個女孩，她是從大陸到台灣的研修生，在大陸的時候早就聽英語老師說過，去台灣一定要去漁人碼頭看看，特別是傍晚時，那裡的夕陽很漂亮。那時給這位即將到台灣學習的女孩帶來了無限的好奇與期待。

因此到了台灣後，女孩和她的宿舍朋友們就趁著還沒有正式開學之前，抽一天時間去老師之前講過的漁人碼頭，看那邊的美麗夕陽。她們是步行出發的，大家心裡面的期待不減反增。一路上宿舍四個人也沒有停過，有說有笑。待她們到達淡水河岸時，女孩子們特有的喜好就馬上顯露出來了。打開小包包，拿起自己的手機背對著河邊不停的拍拍拍，恨不得把這所有美好的景色，搭配自己這個在世界獨一無二的美全部記錄下來。不過她們還是沒有忘記那天的目的地。大家暫時先收起停留在這邊一小段愉快的心，向淡水河的那一岸奔發。於是她們買好船票後直接登上船走了。

不出幾分鐘她們就到了一開始就思思念念的漁人碼頭，時間剛剛好，她們到達那裡的時候太陽剛好慢慢開始落河。有一點還真不是她們太過自戀，感覺這太陽正等待著她們的到來，才開始綻放夕陽的絢麗。那天岸上的人很多，大家都在等待著夕陽綻放光芒的美好一刻。很快，天邊那絢麗光彩的一刻終於到來了，此時女孩的耳邊不斷傳來了對夕陽的各種讚嘆聲，『哇！好漂亮

哦……』，『快點快點幫我拍一張像……』，『簡直是太美麗了……』甚至還有老外的讚美聲「So beautiful sunset」。

是的，確實是這樣，大家都無盡的感嘆這裡美麗的夕陽，恨不得此刻把這美好的一面全部包攬下，歡笑的氛圍之中卻有女孩一個人默默地待在那裡。當女孩朝夕陽的方向靜靜遠望時，讓她情不自禁發出『海日生殘夜，江村入舊年』的感慨，看似與周邊不搭的情境，卻讓女孩勾起了她對遠方家鄉的深深思念。第一次跨海來到台灣求學，讓她想家了。來的時候女孩是帶著一種愉快的心情，而回去的她因為太過思念而變成了鬱鬱寡歡。

當時舍友看出了女孩的異常，也問過女孩是不是發生什麼事了，可是女孩終究還是沒辦法開口說出因為太想念親人、太想念家鄉了，所以控制不住自己的情緒，所以女孩都回答『沒什麼事啦』，接著就只能把太過思念而慢慢變成壓抑的情緒，完完整整包裹起來埋藏在自己的心底，待晚上的時候，女孩總是在被子裡面默默流淚。雖然平時女孩也有和自己的家人聯繫，但這對一個極度感性化的女孩來說，還是壓制不住自己思念早已超重的心。

不是女孩不願意跟別人說起她太想家，所以時不時情緒波動很大這件事。早在大陸的時候，女孩身邊有同學說過『我好想家哦』這類的話，就經常有別的同學回應『你怎麼還像小娃娃哦，經常想家的，人都要學會獨立啦』。後半句女孩是沒什麼問題啦，可是一直以來，女孩有一個特點，就是最不能忍受別人說她還像個小娃娃，就算真的沒有，女孩心裡面也認為別人會是這樣想的。所以女孩一開始寧願把這一心事悄悄放在心上，壓抑著也

不願意說出來。『想家』這一詞在大家看來是人之常情的事，可是在女孩的眼裡卻是更加極度化的概念。

　　終於有一天，女孩偶然進了一家餐廳，看到一張陌生而又和善的笑容才鼓起勇氣把自己長久以來的心事通通說出來。她確實是很想家，從剛開始到台灣看完那次美麗的夕陽後，就一直把這思念壓在心底，越積越多，而現在感覺把『思念成疾』放在女孩身上已經是毫不誇張的說法了。」

　　女孩講完後，原本被老闆娘發現打轉著淚花的眼睛，現在卻像流水般嘩嘩落下。這時老闆娘輕輕抽出桌子上的紙巾遞給了女孩，還親切說道「小姐，謝謝妳願意把自己的生命故事說給我聽，我很開心。想家了並不是什麼不對的事，有時候大可不必把別人的有些話放在心上。小姐的經歷我也是感同身受的，其實早在四年前我也遠離過家鄉跑到外地去奔波的，那時候一個人在外地更是無依無靠，什麼事情都得靠自己。

　　那時候就覺得要是在家就好了，至少身邊還有親人朋友，至少我不會那麼孤單。可是當自己很累很累時和家人朋友聯繫，是他們給了我一次又一次的鼓勵，讓我每次都能從疲憊中掙脫出來。我當時就在想，只要再忍忍，只要再堅持，我就成功了，我就可以回到家鄉，以後的日子也都會越來越好了，所以我這樣一直克服著，才成功走到了現在」。

　　女孩聽了瞬間低下頭沉默了好一會，可重新抬起頭時笑道「我好像知道該怎麼做了，謝謝老闆娘哦」。老闆娘也笑道「那小姐，現在想到要吃什麼了嗎？」小朵輕輕撓了一下頭，有點不

好意思道「還是沒想到耶，嘿嘿，希望老闆娘能幫忙推薦一下哦。」「好的，沒問題，小姐稍微等我一下，我去去就來。」老闆娘說完看到小朵點頭回應後，不知道在桌子上的另一本空白菜單寫了什麼東西，就往廚房的方向走去。

　　過了十多分鐘，老闆娘端來了一碗湯走到小朵面前，把湯碗放好隨之坐下。老闆娘向小朵介紹到，「這是一碗紅豆湯，是我們店特別為小姐訂製的，它還有一個特別的名字叫『傳遞情之聲』，其中的含義就是可以把思念傳遞到遠方哦，小姐也會感到家人對你深深愛，無論自己身在何處，家人無時不刻與妳同在，妳從來都不是孤單的哦」。

　　聽完老闆娘的解說後，小朵更是豁然開朗了許多，拿起湯勺一口一口喝了起來。臨走之前小朵還不忘跟老闆娘說一聲謝謝，老闆娘還是一樣很熱情很親切回應歡迎小朵常來。

　　小朵出了店，外面的風依舊吹著，只不過沒有剛開始的那麼凜冽那麼使人沉重了。它帶著冷月寒星的涼意和銀河的水汽，冷冷的、潮潮的，使得凡是有心的生命都會覺得心情舒暢。它吹散了小朵長期以來因為太過思念而變得壓抑的心。

鐵樹花開

張文平

「我有故事要講。」熊一邊推門一邊走進來，要不是因為那件事，她或許永遠也不會來到這裡。她說這句話的時候，不像是對著任何人說話，似乎是對著店裡的空氣說著。

老闆娘坐在靠近櫥窗的椅上，正看著窗外的景色入了神。這個時節的梧桐樹依然充滿生命力，井然有序地進行著它生命的旅程，柔和的日光幾縷，軟綿綿地搭在梧桐樹稍，風一吹，就像盪著秋千似的，彷彿可以去到比遠方的風更遠的地方。

「請坐，小松，快來給這位小姐倒一杯茶喇。」老闆娘指著自己對面的椅子，微笑著示意讓熊坐下。

「嗯嗯，謝謝你！」

一杯冒著熱氣的茶隨即擺放在了熊的面前。

良久，熊終於開口了：「我最痛恨有錢的人啦！有錢有什麼了不起的，仗著自己有錢就可以隨便對待別人嗎？我又不是什麼阿貓阿狗，呼之則來，揮之則去，憑什麼他要這麼對我？」

老闆娘點了點頭，又低頭看了看自己的杯子。

「他說我很野，不適合長期交往，更別說結婚生子，他說他招架不住我這樣的女生，說我心太野！我哪裡野了……愛了那麼久，到頭來沒有得到一絲肯定，反而全是我的過錯啦？」

「嗯嗯。」老闆娘微微點了點頭。

「一年前我剛認識他，哦，對了，我們是在酒吧認識的……。即使他大我五歲，我都毫不介意……你知道嗎，有的東西總是很突然，也難以預料，不到半個月我們就在一起了。我忍受他不懂浪漫，忍受他和他的狐朋狗友出去吃喝玩樂……可到頭來他卻把我甩了。這一年以來，我為他付出了那麼多，每天打電話給他，叮囑他吃飯，陪他聊天……我哪兒做的不好了？可他卻忍心離開我，和別的女的好了，曾經他可是我最親近的人、最信任的人啊！雖然在這邊學習或生活並不是十分順利，但是最大的打擊還是他帶給我的……隔著海峽，傳來一封簡訊，就分手了？就這麼完了？！」

「是啊，事情有時總和我們預期的不一樣！」老闆娘溫柔地笑了笑。

她微微地挪動一下身子，續了一杯茶，然後溫柔又不失莊重地端起了桌上的茶杯，喝了一口，輕輕地把杯子放在桌上。上好的阿里山高山茶呈現一片橘黃色，這是老闆娘的最愛，在透明的玻璃壺裡暈染開來，幽幽的芳香早已彌漫在時空裡，蒸發的水汽嫋嫋升騰，化為霧，化為空氣，最後什麼也沒有了！

「嗯，忘了說了，我是從大陸來這邊學習的，他現在還在大陸。我本想著以後學成了，畢業了，回去就可以和他結婚，我心裡有多歡喜。可現在，還沒有等我回去，最親近的人已經離我而去了，怎麼辦，接下來的日子我真的不知道該怎麼辦！我真的很喜歡他啊！都說分手要見面親口說出來，才有誠意，可是就發來

了一封簡訊，這算是什麼鬼，天啊……」熊說，她把頭緩緩揚起，淚珠早已在目內打轉，雖然這事已經過了好久，每每想起淚卻不由自主地流。

「嗯……」

「無數次幻想的未來，都破滅了，全都破滅了……」熊開始抽噎起來，嗚嗚咽咽，眼淚終於還是止不住地流了下來，最後變成了歇斯底里。

聽說一個人想起另外一個人的時候，如果臉上是微笑就證明還愛著對方，如果是淚，就證明兩人之間的愛正在慢慢地消逝，也不知道這句騙鬼的人話到底是不是真的。

「我承認自己一點也不好看，妳也看到了現在我這副模樣，加上我自己從分手以來，哭了很久很久，就更不能看了……其實很多時候，我都是一個特別容易自卑的人，偶爾還很自私，沒有什麼理想或者追求，有時候又很淺薄……今天來這裡，我也是鼓足了極大的勇氣，有時我想……有人來拯救我該多好。但是，像我這樣的人就不配有愛情了嗎？我承認自己有很多缺點，想著把他牢牢抓在手裡，以後就可以無後顧之憂……但是……不論怎麼樣，他真的是一個很不錯的人啊，那些美好的過去，曾經對我說過的誓言，如今，轉身就把諾言說給別人聽……我始終是錯了，也輸了……。」

窗外，一片梧桐葉飄落下來，夾雜著陽光的味道，在光影的世界裡飛舞，如此的瀟灑快活。

良久，熊慢慢地收起了淚水。把前額雜亂的頭髮通通撥往了右邊，直起身體，腫腫的眼皮艱難地支撐著視線範圍。

老闆娘把茶杯推向熊的身前。

熊略帶尷尬地笑了笑。

「嗯，其實，依靠一個人並沒有錯，但是妳要相信，不論是任何時候，這世界上最可靠的人只有你自己，除此之外，就是你的家人……每個人都有一些不為人知的經歷，我把它們稱之為成長……以前老一輩的人會說：找一個門當戶對的，當初的我總覺得這句話很世俗。後來，等我自己年紀稍大一點，才發現原來這句話確實挺對的！妳不能單方面的依靠一個人，更不能迷失自我，愛情你最好的模樣是勢均力敵……，換而言之，有的失去其實本身就是一種得到，如果妳好好去想一想原因，慢慢去改正，到後來妳收穫的一定也不少！」

「嗯……嗯，可是……」

「剛剛妳在哭，我為什麼沒有去安慰……治癒是需要時間的。而哭，本身就是治癒的開始，因為情緒得到了釋放……台灣的美景很多，妳可以到處去走走看看，心境慢慢就會變得開闊……，有的東西不要想著去改變別人，最好的方式就是去改變自己，接受、堅持、放棄，本身就是一門修行……。」

「那我要多久才會好？一個月、一年、還是一輩子？」熊問。

「學會去接受事實，就是治癒的開始；知道自己的收穫所在，就是治癒的結束。」

　　老闆娘自顧自地起身去了廚房，還隨手抱起蹲在腳邊的小柴。熊一副若有所思的模樣，彷彿在回味老闆娘剛才說的話。

　　「難得小柴今天那麼安靜，莫非是在偷聽我們講話嗎？」老闆娘笑著說。

　　熊聽聞這句，笑了起來。

　　此時，又有幾片梧桐葉掉了下來，有的飄到了窗上，有的掉在了地面。或許一直有葉子掉下來吧，只是沒有被人留心罷了！沒有比此時此景更美好的事情了。時間總是在悄然間流失，又在不經意間給人驚喜。

　　過一會兒，小松呈上了一道甜品，看著鐵樹形狀的甜品頂端，一朵小小的黃色花朵開的份外妖豔！

　　「您好，您的鐵樹花開[1]，我們老闆娘送您的，請慢用喲！」

---

[1] 鐵樹花為龍舌蘭科植物，朱蕉的花；花的形狀各異，常見的花型像一座高高的寶塔狀，金黃色的花；比喻事情非常罕見或極難實現。同「鐵樹開花」。倘若在適宜的時間，適宜的溫度，它就會年年開花。

暖暖

趙君宇

趙小宇今天想吃點好吃的，但心裡又沒有主意，於是他走進了這家叫做「梧葉食單」的餐廳。老闆娘正在看書，見有人進來，馬上起來熱情的打招呼。

「你好，想先喝點什麼呢？」。

「一杯檸檬水，謝謝」。

趙小宇坐在座位上，思考自己有什麼值得分享的故事，但仍然毫無頭緒。不一會兒，老闆娘帶著檸檬水走過來，臉上帶著微笑，這使他感到格外親切。

「你從大陸來嗎？」

「對，我來這裡上學。」

「哪所大學呀？」

「淡大，淡江大學。」

「好巧，我以前也在那裡上學，不過我已經畢業五年了。」

「我馬上就要走了，這裡是個很棒的地方，突然感覺很不捨。」

老闆娘問他當初為什麼選擇來台灣讀書，趙小宇告訴她專業是閩台合辦專案，自己本身是不願意跑這麼遠的。但是沒有想到，生活了一段時間之後，他覺得台灣真是一個可愛的地方。

「來之前，我有很多擔憂。比如我會擔心不能好好準備考研究所，我會擔心不能和台灣同學好好相處，還比如⋯⋯」他停頓了一下繼續說道：「仔細想來，我好像也沒有特別的困擾。」

「沒錯，其實有的時候是我們想的太複雜了。那這段時間有沒有發生什麼有趣的事呀？」

趙小宇開始慢慢回想這段日子。他還沒有在這裡發生什麼「有趣的事」，令他感到有趣的是這裡的人，這裡的氛圍。趙小宇比較慶幸，來到台灣後，他還沒有遇到過什麼不好的事情。遇到什麼困難，都有人熱心幫助他。

剛來的時候，圖書館有個推廣電子書活動，趙小宇覺得很有趣就去參加了這個活動。在填調查問卷的時候，他看見了管理閩台班行政事務的林老師，於是就上前打了招呼。後來趙小宇在FB上添加台灣新朋友的時候也添加了林老師。沒想到林老師主動打招呼說，那天在圖書館我們抽到了相同的獎品。一名老師會主動跟同學打招呼，他覺得很親切，像朋友一樣。後來他又問了老師許多問題，都得到了非常真誠的回答。

管理趙小宇所在班級的還有一位姓江的女老師，依稀記得有人說這位老師有兩個孩子，而且他們都很大了，但是同學們還是親切的稱呼她為「江姐」。她就像同學們在台灣的媽媽一樣，把大家照顧的事無巨細。你可以問她哪裡有物美價廉的理髮店，去哪裡該坐幾路車。總之，在每天晚上11點前，只要有空，她都會回覆你。趙小宇每次看見她，都覺得她充滿了活力，比一個大學生還朝氣蓬勃。從到台灣到現在，她為趙小宇所在的閩台班策

劃了好多有趣的歡迎活動，初次迎新後又請大家到外面的飯店吃川菜。她陪著同學們去南投玩了兩天三夜，每天都會自費買小零食發給同學們吃。令趙小宇感動的不只江姐對大家像家長一樣的溫暖照顧，還有她做什麼事情都全身心投入的熱情。趙小宇希望自己以後也能一直這樣對生活充滿熱情。

「我對台灣的陌生感，好像只是通過一、兩個像林老師和江姐這樣的人，就消除了一大半。」

「那你來台灣有去過哪裡呢？」老闆娘問。

令趙小宇影響最深刻的是九份。站在遠處望九份老街，雨夜中的山城，點點紅燈籠隨風搖擺，溫暖柔和，房屋沿著陡峭的山坡星羅棋佈，高低錯落有致。雲霧繚繞之中，會有置身於宮崎駿動畫中的錯覺。

進入老街，雨下濕了道路，兩旁的小商店傳來陣陣叫賣聲和殺價聲，台灣人說話細細軟軟的，跟本地人交談，自己也會不由自主的變換音調。人頭攢動，來台灣的韓國遊客很多。不經意間聽到他們說話，好像在看韓劇一樣，腦中立刻浮現出許多經典情節。

趙小宇記得出遊的第一天就下雨了，但是這樣陰雨綿綿的天氣遊覽九份老街，正好可以感受《悲情城市》的氣氛。拾級而上，偶爾聽見幾句閩南話，看著那些白底紅字的小吃招牌，他又會感到自己穿越到了上個世紀。遺憾的是，當趙小宇趕到的時候，昇平戲院已經關門了。海報上繁體字寫著：今日放映電影──《悲情城市》。昇平戲院曾是全台灣第一家電影院，門口左側有一個

售票處的窗口，臺子上有四根欄杆，上面的紅漆已經斑駁了。站在門口，能想像出一個售票員彎下身子，在窗口上露出腦袋，隔著那欄杆，遞出去兩張電影票的樣子，這是那個時代才會發生的故事。

　　沿著手機上的地圖，找到要去平溪的火車站，心中第一個念頭是可能走錯路了。這裡的火車站不像在大陸的那樣，每一站都有嚴格的安檢和警務人員。趙小宇還以為這裡已經廢棄了。但是，看到還有其他人在等，就安下心來。火車軌道的旁邊是山和樹木，紅色的小火車從山洞裡呼嘯而來，又緩慢停下。欣喜的走進車廂裡，發現乘客不多，火車慢慢啟動，好像坐上了《千與千尋》中的那輛火車，準備開啟一段神祕的旅程。整個旅程的景色都非常清新美麗，穿過隧道，穿過底下淙淙的河流，趙小宇在十分下車。原來這裡是《那些年，我們一起追的女孩》拍攝地，電影中，男女主角在這裡一起放過天燈，從此慕名而來的人更多了，五步、十步就有一個放天燈的商店。有一個來自韓國的家庭，根據他們的家庭裝，這應該是爸爸媽媽帶著三個兒女，或者說是三個兒女帶著爸爸媽媽來的，他們看上去其樂融融，無比開心，一起放飛了天燈。

　　趙小宇立刻想到了自己的父母，想到了家鄉的小鎮，想到了他們一家三口出遊時的情景。能和家人一起，真是十分幸福了。但是，放天燈的人實在太多了，天空中總是一同出現著五、六個天燈，有的天燈來不及思考就被放了上去，也不知道它們都落到哪裡去了。

　　說了這麼多，趙小宇感到有些餓了，但是還是不知道吃什麼。老闆娘卻已經替他想好了。

　　黑色的大碗上飄著熱氣，碗內是濃稠的紅豆湯，裡面有紫薯圓、紅薯圓和粉圓。芋圓，甜甜的，軟軟的。這好像就是趙小宇對台灣的感覺，溫暖人心。

　　換一個生活環境就是換了一種思考方式，換了一個看待世界的角度，這會使我們更加瞭解自己，給自己更多的可能，見到更有趣的人。回想起這段台灣求學之旅，趙小宇覺得很慶幸他來了。

　　趙小宇馬上就要離開台灣了，他感覺自己和台灣的緣分還沒有完。

尋覓有故事的人

張維維

看著部落格上顯示著「梧葉食單，期待您的光臨」的資訊回覆，葉梧鬆了口氣並露出滿意的笑容：「品牌故事少了創意，課堂上學到的終於可以用的上了。」這樣想著，接著點開了網上的相關介紹，仔細閱讀了起來：「梧葉食單是一家以故事……」

幾天後……

真的是跟過去不一樣了啊！

一個穿著灰色大衣約莫 20 來歲的年輕男子，站在門前並不顯得寬敞的小路上感嘆道。

下午三、四點的太陽將他的影子拉扯的很長，如果可以立起來，或許能夠到他正在看著的招牌上，那略顯古樸的四個大字～梧葉食單，是一家小餐廳，據說可以不收費但要「以故事換食物」。

猶豫許久似是做好了決定，葉梧深吸一口氣走了進去。即便有三、四盞燈開著，泛黃的燈光也並沒使屋內如外面一般，木牆上的方窗倒顯得更亮一些，同時併排擺放的空桌上也多了些斑紋，桌腿旁一隻小狗側身躺著且尾巴還不時的搖著，令葉梧目光稍加停留的是吧檯上方刻著「梧葉食單」的木板，使得這原本樸素的小店多了些點綴。看完這些，葉梧把視線轉向老闆娘，此時她正在翻看著帳本進行核對，感覺有人注視著，她抬起頭看到了葉梧，微笑著說了句：「你好！」。

清潔著地面的女服務員隨即接到：「歡迎光臨」，並雙手合十側腰緩緩彎了下身子。

「快請坐。」阿斐立即放下手中的書，小跑步過來，緊接著又擦了擦男子身旁的桌子後說到：「想要吃些什麼？」

「我想先說個故事」葉梧沒有立即回答阿斐，停頓了一下才說出來。在這不算大的小店裡，聲音控制的剛剛好，老闆娘、小松、阿斐，或許還有那個沉默不言正在切菜的掌勺大叔，他們都能聽到。

「梧葉食單很榮幸能傾聽你的故事。」老闆娘邊說著邊向葉梧走來，並示意阿斐將滿地亂跑的小柴抓住抱著。

「以前這裡叫梧葉園，有很多孩子在這裡一起玩耍，幾乎是每天都可以聽到一個故事，故事內容有真有假，但說故事的人是真的。這個店只有以前的五、六分之一大小吧。」葉梧嘗試回憶和整理自己接下來要說的。老闆娘點了點頭想讓葉梧繼續說下去。

「14 年前發生了一場火災，幸好沒有人傷亡，但是衣服、食物，玩具，錢財等都給燒沒了，最重要的家沒了。」葉梧沒有看他們，自顧自的說著，他不知道現在大家都在迷惑的看著他，就連大叔也轉了一下頭，因為周圍鄰居都知道這件事。

「當然這場火災也引起了整個台灣的關注，來自不同地區的人士想收養這些孩子，除了少數的幾位，大部份的人都被領養了，算是因禍得福吧。」說到這裡就停了下來，葉梧看向了大家。

「然後呢？」

「你是那群孩子裡的一個？」

「我們都知道啊，因為我們就是其中的三個，大叔一直撫養我們長大。」，這是來自三個人的不同回答。至於大叔，仍舊沒有說話，不過一直看向這邊。

「還沒有說起火的原因，其實是當時的一個小男孩想『寫字』，只不過想用蚊香寫出來，他把蚊香弄成粉末加水，通過範本形成『心』，點燃印在課桌上，然後……。」葉梧說到這裡就停了，他想大家都差不多應該明白了。

「似乎還少了點什麼？」老闆娘想了想，覺得內容不太完善。

「你就是那個葉梧？」小松和阿斐好像猜到了男子是誰，試探性的問道。

「我也覺得，應該再把五個人加進去，父女倆、姊弟倆，還有一個 7 歲小男孩。父女倆當時是梧葉園的所有人（屋主），火災過後，賣掉大部分土地的錢，來建造這個小餐廳，父親會做飯，擔任主廚，16 歲的女兒會經營，就做了老闆娘，開到今天已經有 14 年了。至於姊弟倆嘛，11 歲的姊姊繼續留在新開的飯店做一些簡單的工作；5 歲的弟弟經歷算是比較坎坷，被領養之後不久，養父母的家裡發生了變故，最後被農村的一對夫婦收養，家庭雖不好，但刻苦勤勉，成績非常優異，幾個月前與姊姊相識，便留在小餐廳裡當工讀生。還有一個小男孩，他儘管知道自己闖了禍，還沒來得及說出來，就被認養領走了，隨後從國小到國中、

直至高中，現在已經大學了，成績算是平常，有快樂生活的同時，還有藏在心底深深的愧疚，不過還好『他』今天來了，說出了這個故事。」感覺自己已經補充了老闆娘覺得不太完善的地方，葉梧便轉頭看向姐弟倆，繼續說到：「我是你們說的那個葉梧，不是你們想說的那個『葉梧』。

「淡江大學的葉梧，你好。」老闆娘微笑著與葉梧握了握手，葉梧也表示友好回應了一下。老闆娘接著說到：「前幾天你有給梧葉食單留言：『要想傾聽更多別人的故事，首先要有自己的故事，我是淡江大學三年級的葉梧，想要說一個關於梧葉食單的故事。』沒想到今天就來了。」

「應該提前傳資訊給貴店的，不過想到自己要到梧葉食單說關於大家的故事，就賣了個關子，請不要介意。」說著，葉梧指著「梧葉食單」的匾額，「我是文學院中文系文化產業管理學程的學生，學的知識跟文創有關，記得上課老師跟我們專業學生說過：一個產品（業）有它自身的文化，就像是附加值一樣，能更持久。就想借著這個故事，希望能提升梧葉食單的價值與內涵。而且我們有個課叫做『說故事與創意』，正好有梧葉食單這個平台能讓我們展現自己的思路與點子。也謝謝有你們的傾聽。」葉梧站起來向大家鞠了一個躬表達自己的感謝。

確實如果有這樣一個舞臺能呈現自己的才華，是挺好的，至少葉梧是這麼想的。

「同學，請問你現在想吃些什麼嗎？本店……」還沒等阿斐說完，連著大叔大家一起全笑開了。

梧葉食單

國家圖書館出版品預行編目資料

梧葉食單 / 吳秋霞, 衛疊疊主編. -- 一版. -- 新北
市 : 淡大出版中心, 2018.06
　　面；　公分. -- (淡江書系 ; TB019)
　ISBN 978-986-5608-94-1(平裝)

855　　　　　　　　　　107007480

淡江書系 TB019　　　　　　ISBN 978-986-5608-94-1

梧葉食單

主　　編	吳秋霞、衛疊疊
主　　任	歐陽崇榮
總 編 輯	吳秋霞
行政編輯	張瑜倫
文字編輯	陳卉綺
文字修潤	施進發、劉婉君
繪　　圖	陳鈺翔
封面設計	斐類設計工作室
印 刷 廠	中茂分色製版有限公司

發 行 人	張家宜
出 版 者	淡江大學出版中心
	地址：25137 新北市淡水區英專路151號
	電話：02-86318661/傳真：02-86318660
出版日期	2018年6月 一版一刷
定　　價	420元

總 經 銷　紅螞蟻圖書有限公司
展 售 處　淡江大學出版中心
　　　　　地址：新北市25137 淡水區英專路151號海博館1樓
　　　　　電話：02-86318661 傳真：02-86318660
　　　　　淡江大學—驚聲書城
　　　　　新北市淡水區英專路151號商管大樓3樓